THE POWER
OF
PRESENTATION

THE POWER OF PRESENTATION

讓老闆聽懂的簡報實力

21堂必修英語簡報課秒懂聽眾需求，
一次學會演說魅力、深入人心的語言技巧

Medeleine 鄭宇庭（以熙國際）著

時報出版

Preface

前言

在創業的五年經驗當中，我認識的大部分客戶，都把簡報（Presentation）當成報告（Report）。簡報的結構的確很重要，但講者的魅力與中心思想應該凌駕於結構之上，西方的簡報之所以盛行，是想要給演講者一個舞台。

簡報在高階職位面試最後一關也用的到：
擁有「簡報魅力」比專業資本還重要

Andy是一位擁有20年資歷的專業經理人，他是在醫療產業擁有22年經歷的財務長，在一場跨國重要面試簡報的時候，從80多人的面試中脫穎而出，成為前兩名候選人，卻在最後一關面試敗給了一個比他資歷少15年的新加坡對手。

他非常納悶，回台北後忍不住跟顧問抱怨，論資歷與專業度，他都遠遠超越最後一個對手非常多，他花了三個月的時間準備面試簡報，他認為那一家跨國公司最後應該要選他，可惜卻沒有。

根據許多學員的回饋，在面試最後關卡的時候，大部分的人最害怕碰到的競爭對手是新加坡人，他們不只非常擅長用英文表達，在評論不同觀點時，邏輯也非常強。

到底要強調哪一些特質，才能讓自己在跨國面試當中凸顯自己的性格？首先有兩個觀念與大家分享。

1 英文流利不代表會簡報魅力發揮的好。

2 許多專業經理人有一個迷思，擁有海外文憑，有基本溝通能力就等於有世界觀。但事實上並不是如此，那世界觀是什麼呢？

最近的中美貿易戰、選舉等五花八門的世界新聞，面對這些事件，我們到底能不能換位思考，是全盤接收還是有其他想法？有許多專業人士認認真真的工作了15年以上，用英文表達出來的想法卻輸給了美國小學生。

其實跨國型企業並不是要專業人才的英文程度流利到與美國人一樣，重點是能不能準確的表達出觀點。許多台灣人才往往太小看人與人溝通的成本，太小看世界觀的重要性，對於許多世界上常態發生的事情，聽到之後往往會露出驚訝的表情。

建議可以在較大型國際規模的會議場合中，學習年輕人說話和展現自己的樣子，表達出熱情，收斂自己的穩定度，好好包裝一下主題。許多工作經驗豐富的「專業」人士，光是擁有專業是不夠的，生活包括食衣住行育樂的感知，大型企業重視企業內部的「Interpersonal skill」，有沒有辦法與不同文化的同事打成一片，有沒有辦法與年輕一輩的下屬，在公司團建活動或是在下班後喝一杯時候小聊一下等等。面試簡報的時候，跨國HR就要看出這樣的態度。

Contents

Part 3 令人WOW的英語簡報力

Part 4 加強細節，成為魅力簡報家

Part 1
名人演説的
祕密

The Secrets
in
Celebrated Speech

TED的18分鐘演說，清晰簡要加上人生故事，多麼扣人心弦；再看歐巴馬、希拉蕊的競選演說、甚至李奧納多的得獎演說，吸收其中精華為你的簡報功力加分。

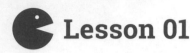 **Lesson 01**

演講的力量——
跟 TED Talks
學表達

12

説世界的語言，圓自己的夢想，你必須先學會表達。改變自己的第一步驟，就是向 TED 講者學習表達的精髓。

　　渺小的我們，總想要改變別人、改變事情、改變世界、改變思想、改變邏輯，但其實，應該要從改變自己開始。

　　你曾想過這世界怎麼運轉嗎？造就生命的本質是什麼？為什麼我

們要努力工作？關心的事情後續發展是什麼？我們每天都有成千上萬的想法、無數的對話，無論是與自己或是與他人對談，每一次都是場小小的演講，累積著那些小小的能量，在你站上台時，轉換成了大大的爆發力。

　　TED 的講者，感覺站在台上都很隨興自在，但他們之中其實有許多人並不是天生的演講好手，講出來的每個論點都是長期累積的結晶，每句話都來自深思熟慮的構思，如此一來才能以最有效率的方式，引發觀眾的「共鳴」與「同理心」，達到他們所期望的目的。但是，我們真的能透過單純觀看TED Talks學到些什麼嗎？我想答案是肯定的！因為TED講者的最大共通特點就是「流暢的口條」。

　　心理學期刊《Psychonomic Bulletin & Review》曾經做過一個這樣的測驗：2個實驗對照組，一組觀看口條流利的講者演說的影片，而另一組則是看口條不流利的講者演說的影片，在其他條件皆相同的狀況下，看口條流利講者影片的組別對內容的記憶程度，遠高於看口條不流利影片的組別，而且效果極好。因此，我們絕對有理由相信，TED 或是其他優質的演講影片，對我們的學習是有助益的！透過 TED 學習，能得到以下幾個好處：

1. 圖像和影像的效果比文字更好

　　大量的文字很容易讓人感到乏味，而透過感官，會讓學習這件事情變得更有趣。更重要的事情是，根據科學家的研究，我們對於圖像或是影像的記憶，會比文字來得更加深刻，因此影片學習也比讀書更有效率。

2. 講者就是你的老師

　　無論是在辯論中、研討會、讀書會，又或者只是日常的溝通及意見交流裡面，藉由了解別人的觀點，或是吸取不同經驗的方式，可以達到很好的學習效果。而透過影片的學習，更可以跳過冗長的前言，更直接、快速且有效率的在講者身上學到精華。

3. 將複雜的理論具象化

　　我們對於太抽象的知識，常常會摸不著頭緒，但通常在 TED 演講當中，講者會在演說中加上大量的故事和自身的經驗，把複雜的理論具象化。況且，這些講者大多不是只會說說而已的理論派，而

是真正的實踐者，我們可以透過這些講者學到更實用的東西。

4. 學習不受限制

透過影片學習，我們可以依照自己的需求，選擇自己要看什麼樣的講者、什麼類型的演說，彈性很大，不受限制。不只這樣，你的時間也不會再被綁架了，隨時都可以學習，沒聽清楚還能不停重播，直到你搞懂為止。

5. 從演講中豐富自己

要別人聽你說話之前，要先學會有邏輯、有架構的支持自己。講者研究一生的精華，會在短短的18分鐘內呈現出來，有些議題，可能是你日常生活中不會碰到的事情，這豐富了我們的內涵，從中累積能量。當有機會換我們自己上場演出時，就能馬上讓觀眾驚豔。

你或許會問，我們需要把某樣東西研究得很澈底，才能算得上豐富嗎？其實不用，相反的，如果你可以把一個簡單細微或渺小的東

西，用深度帶出來，並有效的讓觀眾全心全意支持，那不是也很豐富嗎？

6. 讓你和我連結在一起

你我雖不認識，但我們其實有一個共同點，那就是我們都曾被TED的演講說服，而改變了我們的行為與想法。高明的訊息傳遞可以創造社群，那就是許多宗教領袖利用來創造魅力的方式。這是心理學，也是物理現象。聽到我們的需求與渴望，我們會感動、會興奮，會一致的做出熱忱回應，創造出強大的力量！

Lesson 02

TED Talks：幽默為觀眾加亮點，你就成功一半

沒有人不愛笑！詼諧的演說，能讓觀眾不無聊，更能抓住他們的注意力，甚至取得他們的信任。

SPEECH SELECTED

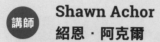 **Shawn Achor**
紹恩・阿克爾

講師

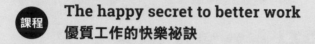 **The happy secret to better work**
優質工作的快樂祕訣

課程

 ▶ 演説影音

18

`00:11`

When I was seven years old and my sister was just five years old, we were playing on top of a bunk bed. I was two years older than my sister at the time — I mean, I'm two years older than her now — but at the time it meant she had to do everything that I wanted to do, and I wanted to play war. So we were up on top of our bunk beds. And on one side of the bunk bed, I had put out all of my G.I. Joe soldiers and weaponry. And on the other side were all my sister's My Little Ponies ready for a cavalry charge.

在我7歲，我妹妹才5歲時，有一天我們在雙層床的上鋪玩。那時候我比我妹妹大兩歲──我是說，我現在還是比她大兩歲──也就是說在當時，她要跟著我做我想做的事，而我想玩打仗。所以我們爬到上鋪，在雙層床的這一邊放著我所有的特種部隊士兵及武器，在另一邊則是我妹妹的各式彩虹小馬，準備好要衝鋒陷陣。

00:38

There are differing accounts of what actually happened that afternoon, but since my sister is not here with us today, let me tell you the true story —

那天下午到底發生了什麼事，其實是各說各話，但是既然我妹妹不在場，就讓我告訴你真實的情況。

00:45

（Laughter）（笑聲）

00:47

which is my sister's a little on the clumsy side. Somehow, without any help or push from her older brother at all, Amy disappeared off of the top of the bunk bed and landed with this crash on the floor. I nervously peered over the side of the bed to see what had befallen my fallen sister and saw that she had landed painfully on her hands and knees on all fours on the ground.

當時我妹妹正節節敗退，不知為何，她哥哥我，既沒幫她，也沒有推她，愛咪突然就從上鋪消失了，砰的一聲摔在地板上。我很緊張的探頭往下看，到底是什麼東西，讓我妹妹成了墜落天使，我看到我妹妹趴在地上，五體投地的樣子痛得不得了。

01:05

I was nervous because my parents had charged me with making sure that my sister and I played as safely and as quietly as possible. And seeing as how I had accidentally broken Amy's arm just one week before —

我好緊張，因為我的父母才命令我，一定要確保我妹妹及我在玩耍時盡量保持安全、安靜。因為我上星期才不小心摔斷了愛咪的手臂……

01:17

（Laughter）（笑聲）

01:21

（Laughter ends）（笑聲結束）

01:22

heroically pushing her out of the way of an oncoming imaginary sniper bullet,

因為我耍英雄把她推開，為了要閃一顆想像的狙擊手子彈，

01:26

（Laughter）for which I have yet to be thanked, I was trying as hard as I could — she didn't even see it coming — I was trying hard to be on my best behavior.

（笑聲）她還沒為這件事道謝過，我盡全力──她根本沒看到那顆子彈──我盡全力要當乖小孩。

01:36

And I saw my sister's face, this wail of pain and suffering and surprise threatening to erupt from her mouth and wake my parents from the long winter's nap for which they had settled. So I did the only thing my frantic seven year-old brain could think to do to avert this tragedy. And if you have children, you've seen this hundreds of times. I said, "Amy, wait. Don't cry. Did you see how you landed？ No human lands on all fours like that. Amy, I think this means you're a unicorn."

然後我看到我妹妹又驚又痛哭喪著臉，威脅著要嚎啕大哭，把爸媽從深冬的午睡吵醒，他們才剛剛睡著。所以，我試圖用我慌亂的7歲小腦袋能想到的唯一方法，來扭轉情勢。如果你有孩子，你一定看過幾百次這種場面。我說：「愛咪，等等，不哭。妳知道妳怎麼著地的嗎？沒有人是四腳著地的喔！愛咪，我想妳一定是獨角獸。」

02:02

（Laughter）（笑聲）

02:05

Now, that was cheating, because there was nothing she would want more than not to be Amy the hurt five year-old little sister, but Amy the special unicorn. Of course, this option was open to her brain at no point in the past. And you could see how my poor, manipulated sister faced conflict, as her little brain attempted to devote resources to feeling the pain and suffering and surprise she just experienced, or contemplating her new-found identity as a unicorn. And the latter won. Instead of crying or ceasing our play, instead of waking my parents, with all the negative consequences for me, a smile spread across her face and she scrambled back up onto the bunk bed with all the grace of a baby unicorn —

23

那當然是在騙她的，因為在這世界上，我妹妹絕不想做痛痛的5歲小妹妹愛咪，寧願當特別的獨角獸愛咪。當然，之前她從沒想過這個選擇。然後你想像一下，我可憐又被耍了的妹妹一臉掙扎，她的小腦袋一方面要處理她剛剛才經歷的疼痛與驚嚇，又要思索著她剛剛才發現的獨角獸新身分。

而後者贏了。於是她不但沒哭，沒有停止玩耍，也沒有吵醒我的父母，所有可能發生在我身上的負面後果都沒有發生，她反而展開微笑，然後以小獨角獸的翩翩姿態，爬回雙層床去……

02:40

（Laughter）（笑聲）

02:42

with one broken leg.
用她摔斷的腿。◖

24

當你可以讓人開開心心的聊個不停，這就是一個好徵兆，這項特質不只可以讓你更容易取得他人的信任，人際關係也可以更上一層樓。

台上要如何搞笑，才能讓你不淪落為配角，讓人覺得信賴又不無聊？到底 Shawn Achor 是怎麼不特意搞笑，而把一場演說變幽默的？幽默是一種極為有效的工具，如果你能讓你的觀眾發笑，那你就成功一半了！即使這是一場較正式的演說，你也會需要適時的替你的觀眾加些亮點。演講中的幽默可以帶來以下幾種好處：

1. 用你獨有的幽默呈現你的風格，讓觀眾更了解你。沒有人不愛笑！詼諧的演說，讓觀眾把注意力留在你身上。
2. 風趣會讓人對你的演說更記憶深刻。

或許有人會認為幽默是天生的，但其實幽默是可以培養出來的，從 Shawn Achor 的演說裡面我們可以學到一些展現幽默的方式，試試下面幾種訣竅吧！

1. Identify things that make you laugh
找出能令你發笑的笑點

　　或許有些特定的事物總是能令你發笑，某個電視節目、電影、漫畫等等。仔細研究一下這些事物，並問問自己「到底是什麼讓我想笑的？」是雙關語嗎？還是誇張的肢體動作？然而無論是什麼，能讓你笑的元素，就是能讓你帶到演講裡面的好元素！不僅僅要注意這些內容是什麼，更要注意細節！笑料的結構、風格及步調節奏都很重要。

　　當你在一個輕鬆、愉悅的情緒與環境中時，會更容易寫出幽默的講稿，激發出腦中的笑點，所以記得時時保持愉悅的心情！

26

2. Identify things you already do that make others laugh. 看看別人喜歡的笑點

　　每個人或多或少都曾經有過令人發笑的經驗，我相信有些特殊的場合或是某種人，特別能夠激發人們幽默的那一面。拿我自己當例子，我發現每次我要告訴朋友一些困擾我的事情時，他們都會捧腹大笑，但當時我根本沒在搞笑，發現這一點時，我嘗試將這種幽默方式帶進我的演說裡面，結果觀眾的反應出奇得好。觀察自己與別人的互動吧，你也會有這樣驚喜的發現。

3. Learn the basics of humor
幽默基本功

　　有些人就是天生的搞笑好手，但如果你不屬於這類型的人也沒關係，那就從基本功練起吧。學些喜劇演員常用的幽默小技巧，再把你想說的話織進去，就變成你獨有的搞笑風格了！下面有些例子可以參考：

誇飾法

例句 Then I talked to a woman whose voice was so high only the dog could hear it.

雙關語

例句 Did you hear about the guy whose whole left side was cut off？ He's all right now.

自嘲

例句 And then, even though I knew it was too hot to eat, I bit into the pizza anyway. Because, clearly, I am an idiot.

玩文字遊戲

例句 She brought me a plate of frenchfries instead. At least

I thought they were French because they had an attitude and wore berets.

4. Understand that humor comes in the rewrite. 不急著一次到位

或許有時候，你寫的講稿可以一次到位，既幽默又不失專業。但大部分情況下，一份好的講稿需要經過不斷的修改，才能抓到精髓。寫第一次草稿時，通常會先把重點放在你想要傳達的內容上面，再用這份綱要，經由不斷的發想及修改，加入令演說更幽默、更完整的元素進去。也或許有些時候，你一開始覺得好笑的點，也可能在修改的過程中突然變成累贅了，不斷的精修才能成就一份好的演說稿。

寫講稿時，你可以試試這樣的步驟：

步驟1 完成整個演說的綱要，把絕不能少的重點完整的放進你的草稿裡。

步驟2 第一次的檢視，把所有你認為好笑的元素加進去你的講稿內。

步驟3 第二次的檢視，刪掉會干擾整體風格或破壞結構的笑點。

5. Keep working at it
持續從生活裡累積你的幽默感

　　幽默是可以培養的,但也需要時間。如果你期望看完一本教幽默的工具書後,可以馬上信手拈來許多笑料,那你可能會大失所望。然而就像任何其他事情一樣,若能從生活中實踐並持續累積、練習然後精進,那輪到你上場時,你會發現,或許沒這麼困難。

 **Lesson 03**

TED Talks：說服
順毛摸，
看見說服的力量

30

說服最好的方式，其實是「堅定的態度、柔軟的身段」，當你有足夠的準備、順著毛摸，一開口就能說服所有人！

SPEECH SELECTED

 講師 **Brené Brown**
布芮尼・布朗

 課程 **The power of vulnerability**
脆弱的力量

 演説影音

14:14

And so then I went back into the research and spent the next couple of years really trying to understand what they, the whole-hearted, what choices they were making, and what we are doing with vulnerability. Why do we struggle with it so much？ Am I alone in struggling with vulnerability？ No.

所以我繼續這個研究，花了幾年時間，試著搞清楚這些全心全意的人，他們所做出的選擇，他們怎麼應付脆弱感的？為什麼我們如此掙扎？只有我脆弱的掙扎著嗎？不是。

14:34

So this is what I learned. We numb vulnerability — when we're waiting for the call. It was funny, I sent something out on Twitter and on Facebook that says, "How would you define vulnerability？ What makes you feel vulnerable？" And within an hour and a half, I had 150 responses. Because I wanted to know what's out there. Having to ask my husband for help because I'm sick, and we're newly married; initiating sex with my husband; initiating sex with my wife; being turned down; asking someone out; waiting for the doctor to call back; getting laid off; laying off people. This is the world we live in. We live in a vulnerable world. And one of the ways we deal with it is we numb vulnerability.

這是我所學到的，我們麻痺脆弱感，例如我們在等待重要電話時。蠻好笑的，我在推特和臉書上打了「要如何定義脆弱？」、「為什麼會感到脆弱？」大概一個半小時後，我收到150個回覆，因為我想知道大家的情形。生病了找老公幫忙，而且才新婚、向先生或太太求歡被拒絕、邀人去約會、等著醫生回電、被辭退或辭退某員工——這就是我們的生活。我們生活在脆弱的世界裡，而我們應付脆弱的其中一個方式，

就是麻痺脆弱感。

16:46

One of the things that I think we need to think about is why and how we numb. And it doesn't just have to be addiction. The other thing we do is we make everything that's uncertain certain. Religion has gone from a belief in faith and mystery to certainty. "I'm right, you're wrong. Shut up." That's it. Just certain. The more afraid we are, the more vulnerable we are, the more afraid we are. This is what politics looks like today. There's no discourse any- more. There's no conversation. There's just blame. You know how blame is described in the research？ A way to discharge pain and discomfort. We perfect. If there's anyone who wants their life to look like this, it would be me, but it doesn't work. Because what we do is we take fat from our butts and put it in our cheeks.

　有件事我們必須想想，我們為什麼要麻痺、如何麻痺，並不一定是因為習慣了。另外，我們也必須確定那些令人不確定的事。宗教已從信仰與神祕，變成確定的事，「我對，你

錯，閉嘴」，就這樣，這就是確定性。我們愈怕，就愈脆弱，然後更害怕。有點像現今的政治，沒有對話，沒有交談，只有責怪。你們知道研究上怎麼描述「責怪」嗎？一種釋放痛苦與不安的方式。我們追求完美，卻無法事事如意。

17:52

And we perfect, most dangerously, our children. Let me tell you what we think about children. They're hardwired for struggle when they get here. And when you hold those perfect little babies in your hand, our job is not to say, "Look at her, she's perfect. My job is just to keep her perfect — make sure she makes the tennis team by fifth grade and Yale by seventh." That's not our job. Our job is to look and say, "You know what？ You're imperfect, and you're wired for struggle, but you are worthy of love and belonging." That's our job. Show me a generation of kids raised like that, and we'll end the problems, I think, that we see today.

　　我們追求完美時，最危險的，就是要孩子完美。跟你們講怎麼對待孩子吧，他們生來就得掙扎以達成目的，當你手上抱著完美的寶寶時，我們不應該說：「看看她，真完美」、「我

的工作就是讓她保持完美」、「確保她5年級時選上網球隊，國一跳級念耶魯」，這不是我們該做的，我們應該看著他們說「你知道嗎？你不完美，你生來就得掙扎，但你值得愛與歸屬」，這才是我們該做的事。如果一整代孩子都這麼養，那今日的問題都可迎刃而解。

19:07

To let ourselves be seen, deeply seen, vulnerably seen... to love with our whole hearts, even though there's no guarantee — and that's really hard, and I can tell you as a parent, that's excruciatingly difficult — to practice gratitude and joy in those moments of terror, when we're wondering, "Can I love you this much? Can I believe in this this passionately? Can I be this fierce about this?" just to be able to stop and, instead of catastrophizing what might happen, to say, "I'm just so grateful, because to feel this vulnerable means I'm alive." And the last, which I think is probably the most important, is to believe that we're enough. Because when we work from a place, I believe, that says, "I'm enough" ... then we stop screaming and start listening, we're kinder and gentler to the people around us, and we're kinder and gentler to ourselves.

　　讓自己最深層、最脆弱的那一面被看見，全心全意去愛，即使不保證有回報，即使很困難。尤其身為一位家長，當我們恐懼時，仍然要我們表達感激或感到喜悅是非常困難的。當我們想：「我能否這麼愛你？」、「我能單純的相信嗎？」、「我可以對此勇敢嗎？」的時候，先停下來，別把一切想得太糟糕，然後告訴自己「我很感激」、「因為會感到脆弱代表我還活著」。最後，我想最重要的是，相信自己足夠了，因為如果我們都能相信自己「我夠好了」，那我們便會停止抱怨並開始傾聽，我們對身邊的人會更溫柔仁慈，對自己也會更溫柔仁慈。

36

想—要加強你說服群眾的說話技巧嗎？或許你曾有過在公開場合演講的經驗，也或許你就是有那種讓別人相信你的人格特質，但就技巧面而言，我們可以從情感與同理心專家Brené Brown在TED的演講中，學到幾個讓你變的更有說服力的方式。

1. Body language
肢體語言

有很大一部分的人際互動，不是來自文字語言，而是來自肢體語言，肢體語言包括了眼神、手勢、表情、姿態以及聲音。而且這種互動方式通常對任何人都很易懂，也不像文字語言般容易有隔閡。透過肢體語言，你能讓想傳達的事情更明確。

例如：不要害怕與觀眾有眼神的交流，因為在一場演講中，你和觀眾能有的最頻繁的互動就是眼神交流，當他們的眼神中露出疑惑時，你能適時的補充，或是他們的眼神開始飄移時，你能加點笑料吸引注意。除此之外，你堅定的眼神也是自信的表現，會比單純的語言更有說服力。

2. Study
足夠的準備工作

　　演講最主要的目的就是替你的言語創造影響力，進而滿足你的期待，因此你必須要言之有物，且能夠提出足夠的事實證據來支持你的論點。當你在準備演講的時候，一定要跳出自己的框架去全方位的思考，不要讓你的觀眾找到任何質疑的可能，才能讓你的演講無懈可擊。

3. Offer Satisfaction
讓雙方都滿意

　　Brené Brown清楚的知道，她不需要事事占上風才能達到最後的目的，她願意用些微的犧牲，去交換最短的路程達到目的地。很多時候，我們都會想要貪心的把所有利益都打包回家，通常這樣的過程都不會太好看。但是如果能夠專注在你最終的目的上，給出一些無關痛癢的甜頭，那你就能漂亮的打贏這場戰。

4. Create Connection
和觀眾創造連結

　　能說服台下的觀眾，就是你花了那麼多時間和努力的目的，不論

台下坐了多少人，你都要付出全力，如果無法引起他們的共鳴，你的付出都會成為泡影。設法讓觀眾感受到你在意他們的意見，並且會替他們設身處地的著想。用點技巧去創造你和觀眾之間的連結，例如邀請他們發表一些跟主題相關的看法，就是一個很好的方式。

5. Being purposeful
目的導向

　　強勢的作風通常會令人退避三舍，但相反的，不斷的退讓最終也只會讓你無法達到目的，以失敗收場。最好的方式其實是「堅定的態度、柔軟的身段」，如果遇到比較堅持己見的對象，你要順著毛摸，慢慢將你想說服的對象引導到你想去的方向。

Lesson 04

名人演説精選
歐巴馬、川普、
希拉蕊、李奧納多
如何發揮演説魅力

設計好你的訴求，在情感上引發共鳴。如果想做到充滿魅力的演說，以下四位名人的演說範例十分值得學習。

「瘦巴巴又有個古怪姓名的小孩，夢想美國必有自己一席之地時所懷抱的希望」、「奴隸圍坐營火高唱自由之歌時所懷抱的希望」，

2004年7月27日，歐巴馬在民主黨全國代表大會上發表基調演說「無畏的希望」，這場演說改變了他的一生，改變了美國人，改變了美國歷史，他後來成為美國歷史上第一位黑人總統。

　　向來以大膽聞名的川普，演講也不改其本色，在他宣布參選美國總統的演說中，不僅吐槽歐巴馬的醫改政策，還聲稱要在貿易上打敗中國及日本，沿墨西哥邊境建造一座圍牆，並且把ISIS踢進地獄。一個完全沒有政治經驗的地產大亨，「非傳統」的特色，讓他在黨內民調聲勢高漲，接連逼退好幾個對手。

　　二度問鼎白宮之路的希拉蕊，演講經驗非常豐富，在她的首場競選演講中大打溫情牌，也強調她將改正經濟面的不平等，並彰顯她鍥而不捨的「頑強鬥士」形象，企圖打破2008年民主黨初選敗給歐巴馬後曾感嘆的「無法打破白宮為女性設下的最高、最堅硬的玻璃天花板」。

　　而終於終結陪榜魔咒的奧斯卡影帝李奧納多，熬了22年首度拿下奧斯卡影帝的得獎感言，除了感謝導演、劇組等，居然把一半時間放在他最關心的氣候變遷議題上，他提醒世人「不該視地球生態為理所當然」，這篇致詞在網路上被瘋狂轉貼，引起一般大眾對環境議題的關注。

　　在4場名人演講當中，你可以學他們的演講選題、架構、使用語言、肢體動作、互動模式等，下一次輪到你上台，也可以跟他們一樣魅力四射。

Celebrity

演說全文

演說影音

歐巴馬
Barack Obama

Yes, We can.
3個字就能擲地有聲
Keynote address at the 2004 DNC:
The Audacity of Hope

43

> Tonight, we gather to affirm the great- ness of our nation not because of the height of our skyscrapers, or the power of our military, or the size of our economy; our pride is based on a very simple premise, summed up in a declaration made over two hundred years ago: "We hold these truths to be self-evident, that all men are created equal...（APPLAUSE）

今晚，我們齊聚一堂，再度證明了這個國家的偉大——其偉大並非在於高聳入天的摩天大樓，並非在於強大的軍事力量，並非在於我們雄厚的經濟實力。我們之所以引以為傲，是因為一個非常簡單的前提，這是在200年前所做的一個精華宣言：「這個真理是不言而喻的，那就是，人人生而平等。

... that they are endowed by their Creator with certain inalienable rights, that among these are life, liberty and the pursuit of happiness." That is the true genius of America, a faith...（APPLAUSE）

造物主賜予人不可剝奪的權利，那就是生存、自由和追求幸福的權利。」這是美國真正的原創精神。

... a faith in simple dreams, an insistence on small miracles; that we can tuck in our children at night and know that they are fed and clothed and safe from harm; that we can say what we think, write what we think, without hearing a sudden knock on the door; that we can have an idea and start our own business without paying a bribe; that we can participate in the political process without fear of retribution; and that our votes will be counted— or at least, most of the time.

這是對簡單夢想的一種信仰，始終相信一直會有點點滴滴的奇蹟發生。夜晚，當我們為孩子們蓋上棉被時，我們知道他們得到了溫飽，安全無虞；我們可以說我們想說的話，寫我們想寫的東西，不用害怕會有人突然敲門來調查；我們可以發揮點子，自由創業，不用去包什麼紅包；我們可以參與政治，不用擔心會被清算；我們的每一張選票都是有效的，起碼絕大部分都是這樣子的。

John Kerry calls on us to hope. John Edwards calls on us to hope. I'm not talking about blind optimism here, the almost willful ignorance that thinks unemployment will go away if we just don't think about it, or health care crisis will solve itself if we just ignore it.

約翰‧克里號召我們要懷抱希望，約翰‧愛德華茲號召我們要懷抱希望。我們在這裡所講的不是說要盲目的樂觀——以為只要不去談論失業的問題，問題就會消失，或是對醫療危機視而不見，危機就不會存在。

45

That's not what I'm talking. I'm talking about something more substantial. It's the hope of slaves sitting around a fire singing freedom songs; the hope of immigrants setting out for distant shores; the hope of a young naval lieutenant bravely patrolling the Mekong Delta; the hope of a millworker's son who dares to defy the odds; the hope of a skinny kid with a funny name who believes that America has a place for him, too. （APPLAUSE）

這不是我們要談的樂觀，我們所要談的是更根本的問題。黑奴圍在火堆旁唱著歌頌自由的歌曲，是因為心存希望；移民者千里迢迢、遠涉重洋，是因為心存希望；年輕的海軍上尉在湄公河三角洲勇敢的巡邏放哨，是因為心存希望；出身寒門的孩子敢於挑戰命運，是因為心存希望；我這個名字怪怪的瘦小子相信美國這塊土地上必有容身之處，也是因為心存希望。

Hope in the face of difficulty, hope in the face of uncertainty, the audacity of hope.

這個希望——正面迎向困境，正面迎向未知的未來，這個就是無畏的希望！

2004年歐巴馬在波士頓發表了當選總統前最有影響力的的關鍵演說——The Audacity of Hope（無畏的希望），他的「Yes, We can」短短3個字擲地有聲、鏗鏘有力，他的「Change」更是人人朗朗上口，燃起了許多人心中的希望，被稱為「美國史上最激勵人心的總統」絕對是有道理的！我們來看看他的演講有哪些特質值得學習的。

1. 引起觀眾共鳴

歐巴馬在發表演說之前，肯定有先對美國中產階級的日常生活與狀態做一定的觀察與研究，所以他選擇了以「美國夢」做為貫穿全文的重點，藉此引起民眾的共鳴。

開始時他先分享了來自肯亞的爸爸與道地美國白人媽媽，不同國籍、不同人種的愛情故事。接著又談回他自身的婚姻——在美國多元的氛圍與環境之下共組的一個圓滿愛情。他用這2個愛情故事表述了美國多元的社會樣貌。在故事中，他也技巧性的提及當時家裡環境並不富裕，雙親仍然努力存錢讓他完成大學學業（美國大學學費並不是一般中產階級家庭可以負擔得起的），而這個故事也象徵著人人都充滿希望的「美國夢」。

最後他再次用「美國夢」提醒觀眾，要以身為一個美國人為喜為傲。因為如果他不是生長於美國這樣多元、開放的環境，或許也就不會有今天的他。先不論他講的話是否為真，但他已經成功與觀眾拉近距離了。

歐巴馬技巧性的提起自己的背景，他想說的其實是，自己跟一般大眾沒有兩樣，他跟所有人是站在一起的，藉此打造出一個親民的形象，拉近關係並建立信任。成功引起共鳴後，再度提醒大家「美國夢」，當時的美國雖然與伊拉克及阿富汗爭戰多年，但如今還是可以有所盼望、可以再次成就經濟大蕭條之後的美國夢。

48

2. 綻放情感

歐巴馬的演講放了很多感情與熱情在裡面，不管是在現場或是收看電視的觀眾，情緒都完全被他領著走。他提到了團結，在演講時重複講了幾次 there is no liberal America, and no conservative America, there's a United States of America，團結要不分黨派、不論身分、也不管人種，他把衝突的起因歸於愛及對這個國家的期待，並且肯定大家，更肯定他的戰友與肯定自己的敵人，把正向力量帶給觀眾。其實在美國政治人物演講當中，這種比較情感精神層

面的交流，是非常普遍的一種技巧。

　　除了講到感情之外，也反映出他的價值觀，也就是民主黨最終的理想：反戰。當時的美國長期與伊拉克、阿富汗戰爭，因此整個國家在情緒上已經到了臨界點，很多人在反戰上的情緒被他挑起來之後，又得到安慰，並燃起了希望。

3. 分享故事

　　歐巴馬分享了很多故事性的例子，包括他個人的故事、家人的故事、大眾的故事。故事讓觀眾比較好吸收，也更容易進入情境。在政治演講中，當講者前面已經訴諸情感來與觀眾做連結，之後就比較不適合再用硬梆梆的數字或是百分比來影響觀眾。他講到他自己的家庭、講到求學階段、講到他在工作中看到的例子，也講到許許多多美國一般家庭的故事。

　　故事，是非常吸引觀眾注意力的重要技巧，我們可以從實際調查中發現，觀眾的注意力只有在演講開頭與結尾比較高，要如何讓他們覺得整場演講不無聊呢？多用故事吧！但故事不能只是隨便講講，不只要講故事，還要講觀眾想要聽的故事、有助於觀眾的故事，

這樣講故事才有意義。

4. 肢體動作

　　歐巴馬在演講時，手勢非常豐富，自信和肢體動作會互相呼應。他的肢體動作表現出有自信的大將之風，雖然他在當總統之前，體態瘦瘦的，但配合幾樣手勢，指向觀眾、拍胸、指向自己，還是能夠讓大家看得目不轉睛。

50

5. I believe, I believe, I believe…

　　演講到最後，講者還是會回到自己的信念，英文演講裡面常常講到 Why，歐巴馬為什麼要有這場演講呢？演講尾聲時，我們會發現，他要做的就是把自己的信念傳達出去！前面鋪陳表演了那麼多，就是希望觀眾被他說服。請試著回想看看自己曾經說服別人的過程，你講計畫可能打動不了人，講技巧或許也說服不了人，當你講到「信念」時候，你會說動一群跟你想法雷同、有同樣理念的人聚集在一起，為同一個目標努力！

Celebrity ❶ ❷ ❸ ❹

演説全文

演説影音

（From5:53）

川普
Donald Trump

有特色，大家就會記住你
Presidential Announcement Speech

Our country is in serious trouble. We don't have victories anymore. We used to have victories, but we don't have them. When was the last time anybody saw us beating, let's say, China in a trade deal？ They kill us. I beat China all the time. All the time.

我們的國家目前有嚴重的問題，我們已經不是勝者。過去我們打過許多勝仗，但這些美好已經逝去了。誰看到我們上

一次戰勝過誰嗎？就拿和中國的貿易協定來説，他們戰勝了我們，而我每次都能戰勝中國。

We need— we need somebody— we need somebody that literally will take this country and make it great again. We can do that.

我們需要，我們需要某個人，需要他來帶領這個國家，讓這個國家再次變得強大。我們可以做到這一點。

And, I will tell you, I love my life. I have a wonderful family. They're saying, "Dad, you're going to do something that's going to be so tough."

而且，我會告訴你，我愛我的生活。我有一個美好的家庭，他們説：「爸爸，你將要做的是一件非常艱難的事。」

You know, all of my life, I've heard that a truly successful person, a really, really successful person and even modestly successful cannot run for public office. Just can't happen. And yet that's the kind of mindset that you need to make this country great again.

我這一生中經常聽到有人説，一個真正成功的人，一個非常非常成功的人，甚至小有成就的人，都無法競選、無法從政。可是我們正是需要成功人士的心態，才能讓這個國家再度強大起來。

So ladies and gentlemen... I am officially running... for president of the United States, and we are going to make our country great again.

女士先生們，我正式宣布角逐美國總統，我們將再次讓國家強大起來。

I will be the greatest jobs president that God ever created. I tell you that. I'll bring back our jobs from China, from Mexico, from Japan, from so many places. I'll bring back our jobs, and I'll bring back our money.

告訴你，我將是上帝創世以來最稱職的總統。我會從中國、從墨西哥、從日本、從其他許多地方，將我們的工作拿回來。我會拿回我們的工作，我也會拿回我們的錢。

Right now, think of this: We owe China $1.3 trillion.

We owe Japan more than that. So they come in, they take our jobs, they take our money, and then they loan us back the money, and we pay them in interest, and then the dollar goes up so their deal's even better.

現在，想想這一點：我們欠中國1.3兆，我們欠日本不止於此。所以他們來，拿走我們的工作，帶走我們的錢，然後他們借給我們這些錢，我們還要付給他們利息，然後美元上漲，甚至讓他們有更好的獲利。

川普現在可是最熱門的話題人物了！他從商業鉅子到政治新星，從地產大亨到媒體焦點，儘管他有數不完的爭議，也不在乎用字遣詞，但他能說、敢說，更不怕爭議，因此還是激起了不少美國人對現狀不滿的情緒，轉而願意支持他。他的演說特色十分鮮明，我們就來看他的參選宣言有什麼值得學習之處。

1. 有特色

　　大家都覺得川普講話的方式很瘋狂，但他卻也瘋狂得有點道理！換句話說，他講話的風格雖是不按牌理出牌，可能會令人覺得有點可笑，但會讓大家對他印象深刻。不管觀眾喜不喜歡他，他都已經成功讓自己變成大家討論的話題。

　　他的演講並不是非常有架構，卻也因此能讓觀眾覺得他很真實，而不是用話術堆積的假象。另一方面，他是素人政治家，用自我特色取代經驗值是非常高明的手段，更加上現在素人政治家這種不走常規的說話方式能迎合人家對於政治棄臼的反感，反而也讓他成為媒體焦點。但要在台上展現自我特色，通常都得小心拿捏，因為不是每個人都有錢請那麼多保鏢。

2. 利用自己的優勢

　　即使是總統候選人，也不可能每一種領域都能精通，商人背景出身的川普，常用經濟的角度切入每一個自己所提的政策。他在演說裡面說：I'll bring back our jobs from China, from Mexico, from Japan, from so many places. I'll bring back our jobs, and I'll bring back our money。他並不擅長外交領域，就用他熟悉的商業領域導入一些國際議題。再者，經濟又剛好是當時的總統歐巴馬非常不擅長的領域，川普成功的利用自己可以幫國家「搶錢」的強項，讓大家忘記仇富的心態，帶給觀眾希望。

3. 用別人的角度為故事出發點

　　讓別人替你說你想說的話，也是一個很重要的演說技巧，有些時候同樣一句話，從自己角度講或是從別人的角度說，效果就是不一樣。舉例來說，演講中他要批評「歐巴馬醫改」（Obamacare），就用 I have a friend who is a doctor... 來替自己發聲，不僅僅是因為用專業的醫生角度來看醫療，更有說服力，更是意圖暗示出自己的好人緣與圓融的一面。川普也常常提到若不是因為他愛國、不是因為朋友的鼓勵，他絕對不會參選，因為選舉是傷神又燒錢的事情。

4. 幽默的自我放大

很多英語演講的演講者，常常不太聊自己的強項，但川普會以誇獎自己來做為演講的開頭，這種有爭議的幽默方式，讓他引起很多注意。反之，面對許多抨擊時，他也不以為意，因此觀眾對他捉摸不清，分不清楚他到底是太聰明還是超級笨蛋。他誇張自己的行為，雖不正式，但已經有很多追隨者與攻擊者相繼的模仿他講話的style，等於是成功替自己創造出免費的版面與行銷。

5. 精簡的英文單字

不要以為美國人的英文單字量都很夠，川普喜歡用簡單的單字，重複講述同樣的事情。例如他說：But, we either have a country, or we don't have a country. We have at least 11 million people in this country that came in illegally. They will go out. They will come back — some will come back, the best, through a process. They have to come back legally. They have to come back through a process — and it may not be a very quick process, but I think that's very fair, and very fine. 其實這麼落落長一段，就是不斷重複著 come in、go out 以及 come back，就這麼簡單。

另外，他選擇了最基礎的單字come in、go out來取代相對較複雜的immigrate與deport，雖然這些簡單用語跟一般政治人物比較起來顯得沒有邏輯感，但會讓大家覺得整場演講很容易理解，就跟在咖啡館喝咖啡時聽隔壁桌八卦一樣輕鬆。

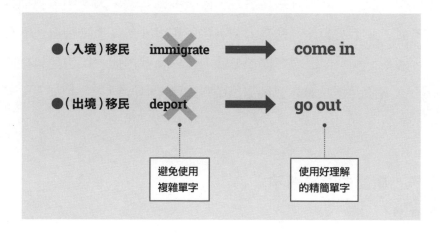

Celebrity ❶ ❷ ❸ 4

演說全文

演說影音

希拉蕊
Hillary Clinton

**用女性特質，
建立剛柔並濟的形象**
Presidential Campaign
Announcement Speech

To be right across the water from the headquarters of the United Nations, where I represented our country many times. To be here in this beautiful park dedicated to Franklin Roosevelt's enduring vision of America, the nation we want to be. And in a place... with absolutely no ceilings.（APPLAUSE）

來到面對聯合國總部只有一水之隔的地方，我曾經在那裡

多次代表我們的國家與會。我們所在的這個美麗公園，是來紀念富蘭克林・羅斯福的，他對美國歷久不衰的規畫，正是我們希望國家實現的。而在這地方……絕對沒有天花板。

You know, President Roosevelt's Four Freedoms are a testament to our nation's unmatched aspirations and a reminder of our unfinished work at home and abroad. His legacy lifted up a nation and inspired presidents who followed. One is the man I served as Secretary of State, Barack Obama, and another is my husband, Bill Clinton.（APPLAUSE）

要知道，羅斯福總統的四大自由，證明了我們國家無與倫比的理想，以及對我們在國內外未竟事業的提醒。他留下來的思想提升了整個國家，鼓舞後來的總統去遵循。其中一位是我為之擔任國務卿的歐巴馬總統，另一位是我的先生比爾・柯林頓。

Two Democrats guided by the — Oh, that will make him so happy. They were and are two Democrats guided by the fundamental American belief that real and lasting prosperity must be built by all and shared by all.

這兩位民主黨員被他引導，喔，那會讓他很高興。他們兩位民主黨員被美國的根本信念所指導，那就是真正持久的繁榮必須由全體國民來建立並共享。

President Roosevelt called on every American to do his or her part, and every American answered. He said there's no mystery about what it takes to build a strong and prosperous America: "Equality of opportunity... Jobs for those who can work... Security for those who need it... The ending of special privilege for the few...The preservation of civil liberties for all... a wider and constantly rising standard of living."

羅斯福總統呼籲每個美國人做好他／她的那一部分，每個美國人均為之響應。他說，要建立一個強大且繁榮的美國，是沒什麼神祕的：「機會平等……為可以工作的人提供職位……為需要安全的人提供保障……結束少數人的特權……保護公民自由……更廣泛及不斷提升生活水準。」

That still sounds good to me. It's America's basic

bargain. If you do your part you ought to be able to get ahead. And when everybody does their part, America gets ahead too. That bargain inspired generations of families, including my own. It's what kept my grandfather going to work in the same Scranton lace mill every day for 50 years. It's what led my father to believe that if he scrimped and saved, his small business printing drapery fabric in Chicago could provide us with a middle-class life. And it did.

　這些話我仍然同意。這是美國的基本契約，如果你做好你的那部分，你應該能獲得成功。當每個人都做好自己的本分，美國也就能領先了。這份契約激勵了幾代人的家庭，包括我自己的，這讓我祖父維持每天去同一家斯克藍頓麻紡廠工作，一做就是50年。這讓我父親堅信，只要他省吃儉用，他在芝加哥的印刷布料織品小生意，可以為我們家提供一個中產階級的生活，而他做到了。

第二次參選美國總統的希拉蕊，經歷實在太豐富了，曾經是律師、參議員、國務卿，也是一個女性、媽媽以及8年的總統夫人，她不但是政治老手，還能剛柔並濟。她利用了她這麼多的個人特質，替自己打造了一場漂亮的總統參選演說。她的特色有：

1. 輕輕講，慢慢講

其實希拉蕊自認不是天生的演講者，她早期的演講方式和現在有很大的不同，當時的她比較不會善用女性優勢，不論是上媒體或演講，聲音尖銳刺耳，與其他二位美國總統，她先生比爾‧柯林頓與歐巴馬溫雅卻堅定的聲音相比，簡直是在嘶吼。

但她在很短的時間內把演講技巧訓練得很完整。原因不難想像，本身有好文憑又好強的她，因為嫁了一個優秀的老公，輸人不輸陣，她也想要表現她自己的強勢與卓越。如今的她變得不一樣了，聲音變得輕柔，發音也能讓非英文母語人士聽得非常清楚，並快速吸收她的演講內容。輕慢的語調是她身為女性的一種形象表現，讓觀眾感覺像是在聽古典音樂一樣優雅，建立女性剛柔並濟的個人品牌形象。

2. 善用微笑法則

　　如果一個漂亮的女生總是擺臭臉或面無表情，你還會覺得她漂亮嗎？微笑不只能給人好的第一印象，更是能掩蓋演講技巧不足的一大利器，觀眾被你的微笑吸引時比較不會去挑內容上的錯誤。微笑是種力量，安慰的力量、寬容的力量、和平的力量、美麗的力量、和解的力量、母愛的力量，而不是有壓力的力量。台上的笑容，抵過千言萬語。請講者好好善用微笑的力量。

3. 迎合觀眾想要聽的

64

　　天呀！怎麼辦，我不知道要講什麼？那就講觀眾想得到的就好了！

　　希拉蕊的先生曾經是一位令人歌功頌德的美國總統，8 年在職期間，造就了美國最後一波令人難以忘懷的經濟繁榮。但是迎合不代表拍馬屁！她的觀察力非常強，很懂得觀眾要的「哽」。她常常自然的開先生玩笑或是自我解嘲，這除了能提醒觀眾她來自讓美國人難以忘懷的柯林頓家族之外，也能稍稍緩解在台上的緊繃，更能滿足一般大眾對於名人生活的好奇。

4. 看稿不忘眼神交流，與觀眾互動

希拉蕊與2016年其他總統參選人比較起來，算是資歷豐富的政治前輩，雖然她標榜與少數族群站在一陣線，但豐富的經驗，難免會讓人有點距離感。看稿的小動作會讓觀眾覺得她比較謙卑，且她的眼神交流的層次很多，若演講者眼神常與觀眾保持接觸，確實較易說服他們接納自己的論點，至少可以讓觀眾感受到講者的「誠意」。

5. 演講長短拿捏得宜

研究指出，男性講者若發表了一篇長篇演說，會讓觀眾認為是權威以及力量的代表，但如果一樣的演講是由女性講者主講的話，就變成了囉唆，是一種示弱的表現。聽起來對希拉蕊真不是好消息，所以大部分時候，希拉蕊的演講都不會太長。

準備演講時，永遠都要先問自己：「需要講多久？」拿TED Talks來當例子，不管演講者的來頭、份量有多大，TED Talks都會要求每位演講者，演講長度只能限制在18分鐘時間內。就在這短短的18分鐘內，你要濃縮你所有的內容到最精華，不只要說清楚，還要

生動有趣！要在短時間內，讓觀眾不僅得到心智上的啟發，還要引發情感上的刺激，絕對不是一件簡單的事。

Celebrity ❶ ❷ ❸ ❹

演說全文

演說影音

李奧納多
Leonardo DiCaprio

抓住機會，
3分鐘也可以獲滿堂彩
2016 Oscars Acceptance Speech
for Best Actor

67

Thank you all so very much. Thank you to the Academy, thank you to all of you in this room. I have to congratulate the other incredible nominees this year for their unbelievable performances. The Revenant was the product of the tireless efforts of an unbelievable cast and crew I got to work alongside. First off, to my brother in this endeavor, Mr. Tom Hardy. Tom, your fierce talent on screen can only be surpassed by your friendship off screen. To Mr. Alejandro Inarritu, as the history of cinema unfolds, you have forged your way into history these past 2 years... thank you for creating a transcendent cinematic experience.

感謝大家，感謝影藝學院，感謝在座的各位。我也要恭喜今年的其他入圍者，他們的精湛演出令人難以想像。《神鬼獵人》是一部傾全力製作的電影，能跟超棒的演員一起合作真的很酷！首先是劇中和我演對手戲的好兄弟湯姆・哈迪。湯姆，唯有我們螢幕下的友誼，可以超越你在螢幕上的出色表現。感謝導演阿利安卓・伊納利圖，過去2年，你的表現無庸置疑將在影史中寫下一頁，謝謝你帶來了一個難以言喻的電影體驗。

Thank you to everybody at Fox and New Regency... my entire team. I have to thank everyone from the very onset of my career... to Mr. Jones for casting me in my first film to Mr. Scorsese for teaching me so much about the cinematic art form. To my parents, none of this would be possible without you. And to my friends, I love you dearly, you know who you are.

感謝福斯影業和New Regency的整個製作團隊；還有那些從我走上演員之路就開始一路支持我的人：瓊斯先生，我的第一部電影製作者，以及斯科賽斯先生，教導我許多電影表演藝術形式。感謝我的父親母親，沒有你們，我做不到這一切。同時感謝我的朋友們，我愛你們，你們知道我在説誰。

And lastly I just want to say this: Making The Revenant was about man's relationship to the natural world. A world that we collectively felt in 2015 as the hottest year in recorded history. Our production needed to move to the southern tip of this planet just to be able to find snow. Climate change is real, it is happening right now. It is the most urgent threat facing our entire species, and we need to work collectively together and stop procrastinating.

最後我想要説的是，《神鬼獵人》是一部描述人類與自然環境的關係。2015年是全球公認最熱的一年，我們的團隊必須到最南端才能找到雪地進行拍攝。氣候變遷是真的，它正在發生！這是我們面臨最急迫的威脅，我們應該為此一起努

力，不要再猶豫了！

We need to support leaders around the world who do not speak for the big polluters, but who speak for all of humanity, for the indigenous people of the world, for the billions and billions of underprivileged people out there who would be most affected by this. For our children's children, and for those people out there whose voices have been drowned out by the politics of greed. I thank you all for this amazing award tonight. Let us not take this planet for granted. I do not take tonight for granted. Thank you so very much.

我們應該支持好的領導者，他們不替造成環境污染的大財團們背書，只為所有人類、原住民以及受氣候變遷影響的數以萬計的弱勢族群發聲，為我們未來的世世代代發聲，也為那些被貪婪所掩蓋的聲音發聲。最後，我們不該視地球生態為理所當然，就如同我也不會視今天的獎項為理所當然。非常感謝大家！

在奧斯卡金像獎這樣的場合，眾星雲集，大咖們一個個輪流上台發表演說，但誰能讓全場替他歡呼？誰能引起後續全球熱議？李奧納多做到了！他縱橫影壇25年，終於在第六度挑戰小金人時奪下獎項，李奧納多完全有備而來，他自信的走上台，發表了一場令人難忘的演說。

1. 用讚美開場，最好的高潮

開場時他說：「Thank you all so very much. Thank you to the Academy, thank you to all of you in this room. I have to congratulate the other incredible nominees this year for their unbelievable performances.」

用讚美開場是最容易取信於觀眾的方法。在演講前3句話，人的大腦就會決定接下來對於你的態度是「拒絕」還是「接受」，一旦進入「接受模式」，你接下來要講的東西就會讓劇情持續升高。這是在奧斯卡頒獎典禮中最常見的開場方式，我們何不把這種技巧也用在自己的演講中？令人讚嘆的演講，應該要對讓你站上舞台的人表達謝意。

2. 把觀眾融入演說當中

接下來李奧納多感謝了許多人，包括《神鬼獵人》的導演、同劇演出的演員、電影公司及製作團隊的所有成員，以及在他踏上演藝之路後一路幫助提攜他的人，這些人應該都正坐在台下，或在電視機前，密切關心著這場盛宴。

在資訊的時代，我們都被過多的資訊攻擊，資訊的確提供我們很多免費與快速的溝通方法，但其實我們最渴望聽到的是什麼？雖然這一連串的感謝詞很長很長，但對於那些自己名字被提及的人，那一刻是很特別的、會永遠銘記在心的。

3. 講你想講的

沒有人規定律師只能講法律，會計師只能講算帳，醫生只能談醫學。以影帝身分站上奧斯卡舞台的李奧納多，在短短的3分多鐘時間當中，除了簡短的得獎感言以外，他花了大部分的時間來談他長久以來關注的環境議題。

這其實不是他第一次針對環保議題發表演說，但卻是最受關注的

一次！很少人知道他其實長期投身於環保，並且落實於生活中，比如開油電混和車，家裡裝太陽能板。

　　由於會關注他以往參加過的氣候變遷締約國大會等環保場合的人，原就對此議題有一定的關心，但卻無法將這樣的意識傳遞到一般的普羅大眾身上。所以他捉住了這次機會，奧斯卡是全球都在關注的盛事，況且，這也是能令觀眾耳目一新的驚喜，肯定能達到有效的宣傳效果。而他也真的撥對算盤了！在他發表演說後，不僅讓環保變成熱門議題，更成功扭轉他花花公子的形象。因此，只要策略正確，就不需要拘泥於太多的形式。

4. 用字簡單精準

　　「cinema unfolds」、「thank you for creating a transcendent cinematic experience」、「A world that we collectively felt in 2015 as the hottest year in recorded history」……有沒有發現，以上這些字，好像平常的 social talk 也都會用得到？沒錯！其實你在演講時的用字遣詞並不需要很難！頒獎場合對講話的長短有很嚴謹的要求，如果你只有 3 分鐘 to make a show，請刪除所有不必要的冗言贅字，把用字改到簡單並精準，才是有效率方式。

5. 帥氣的結語

最後李奧納多說：「Let us not take this planet for granted, I do not take tonight for granted.」你有沒有發現，他的結語就如他的用字一樣，雖然簡單，卻也精準的令人不可思議！漂亮的囊括了他提及的兩件事情，也建立起兩個看似無關主題的連結，不只如此，句子結構工整，還來個押韻！如果你的結語夠精彩、很容易讓人朗朗上口，那麼不管過了多久，大家都會記得，講完之後再來一個帥氣的拋媚眼，台下觀眾瞬間被迷倒！

Part 2
你有國際溝通力嗎？

The Power
of
International
Communication

在全球化時代與企業經營版圖擴張的驅使之下，具備「國際溝通力」已成企業徵才趨勢。該如何強化自己的國際腦？

Lesson 05

國際溝通力＝
自由表達
我們為什麼
要學英語？

學習英語溝通之前要先問自己：我想要參與國際化的事物嗎？我想要隨心所欲跟世界任何人交朋友，表達我的文化價值嗎？

　　身為台灣人為什麼要學習英語？為了打電玩、為了考試、為了留學、為了加薪、為了升官、為了外國情人……？

因為沒跟上英國工業大革命的腳步，東方世界二度淪為次殖民地，成為任由西方世界宰割的羔羊。身為文教工作者，我親臨東西教育文化的碰撞現場，看到台灣人在這片大霧中走上這條路，但路上卻布滿荊棘，原因在於多數人都沒有弄清楚學習語言的目的。學習語言的目的，最首要的即是為了「表達」，簡而言之，就是隨心所欲的跟世界任何人交朋友，在任何一個地方工作，跟任何人種精準的表達自身的文化價值；同時懂得如何去尊重包容且理解對方的文化的靈魂，進而用對方的語言，將台灣的文化用理解後鍛鍊出來的功力精準的傳達出去。如果以台灣傳統的學習方式長期著重在背單字與尋找文法結構的正確用法上面，除了不會增加人民的國際素養，還會永遠在浪費教育資源的隧道裡鬼打牆。

學習英語＝精準的向外國人行銷自我

溝通表達並不是永遠都只講「家庭」與「天氣」，而應該是能去探討最深層的自我到底是誰？如果能把最深層的自我用第二外語說出來，這就是 種堅固的能力。即便是偉大企業家如賈伯斯、比爾蓋茲，到美國總統歐巴馬，都要有自我行銷能力，而行銷能力的源頭，就是自我表達的能力。當我們能說得深入與生動，社會就會用同樣的狀態來回應我們！

　　再來，另一個目的就是為了維持國際競爭力，但學習語言千萬不能拖到鄰近國家都在用英文說 Leadership and Management，我們還在說 My English is poor 以及 How's the weather？

　　如果國際化在現代是必須具備的能力，那我們就應該選擇去面對與經歷它。歐美許多國家的人民每個人都會至少講 3 種語言，而在台灣有許多年輕人認為，去澳洲打工就能讓自己更國際化與更有競爭力，那完全是被誤導的想法，逃避只會讓結果更慘。這時候，最有效率的解決辦法就是改變自己，而且要從對的方向開始改變，思考的方式應該變得更目標導向——我們為了要在國際上更有競爭力，能到其他國家做更有尊嚴的工作，無論如何都要把語言學好才對。生活中，沒有過不去的難關，只有改變不了的自我。

學習英語＝吸引外國人參與我們的文化

　　大家常常誤會國際化就是要愈來愈西化，relax 以及 cheers 這兩個單字，英文再差的人都能脫口而出，但我們要等到哪一天，才會覺得會講中文「放輕鬆啦」與「乾杯」的外國人很罩？歐美已經獨大了一整個世紀，大家都說 21 世紀會是中國人的天下，台灣人不能不參與這整個國際化的過程。推動歐洲人的生命是品酒聊天

藝術，推動美國人的文化是運動與科技，那推動華人社會運轉的元素是什麼呢？是儒家文化（Confucianism）嗎？還是毛筆書法（Calligraphy）？如果有一天我們能夠讓英文朗朗上口，驕傲的去吸引更多外國人來參與我們的文化，這才是國際化的真諦。我們為什麼要學英語？學習英語溝通之前要先問自己：我想要成為國際化的一員嗎？學語言就如同愛情一樣，總要失敗個幾次，透過學習，努力付出才能更掌握運用。

What's More?

什麼是全球化？

● 全球化的一個最重要意涵，就是突破地域限制，也就是說人和事都能突破時間和空間的限制，以跨國企業帶動跨境經濟活動，超越國與國之間的界限，世界將成為一個無國界的世界。

全球化帶來了什麼改變？

● 在全球化之後，利益分配較傾向於對大企業有利，過去投資者與大眾之間的利益開始脫鉤，逐漸失去平衡。

 **Lesson 06**

全球化
改變思維模式
你有國際腦嗎？

82

愛因斯坦曾經說過：「我們不能用昨日的思維來解決今日的問題。」經過過去30年的劇烈改變，在全球化的戰場上，所有人應該要改變他們以往思考的模式、做事的方式，但很不幸的是很多人做不到。什麼是國際化思維（Global Mindset）？國際領導者應該要意識到下面幾件事情：

1 世界經濟已經進入扁平化的時代！

2 不只是所有的產品，還有公司的所有員工，都是要放到以世

界為基礎的平台去競爭。

3 成功的國際化領導者都有自己的一套創富之道、組織的核心
價值，並且替他們的客戶提供真正有價值的產品或服務。而
唯有把自己、把公司推到舒適圈外，邁向國際化，才能真正
達成這樣的目標，否則就會逐漸失去競爭力。如果一家公司
把自己限縮在原生國家之內，那麼原本該有的工作訂單、人
才都會因為向外尋求更好的機會而流失。

How to Think Globally 國際腦條件

每個人每種產業都在說要走出台灣，在走出台灣之前，我們腦
袋中該具備哪一些工具？

1. 蒐集資料的能力

如果你想要別人相信你說的話，那總得給他們一些理由吧！
他們不可能無緣無故的就要相信你。如果你想要確保他們買你的
單，那你得替自己的論點找些證據，可能是實驗結果、可信專家
的說詞等等。試著想想，有兩個論點，一個從頭到尾都是個人意

見、想法的表述，而另一個則是提供許多佐證資料，哪一個可信
度比較高呢？

2. 語言溝通能力

　　歐盟社群發表的文章中指出，有40%的人資會特別重視受過
高等教育的人才外語能力，而根據最近the Confederation of
British Industry（CBI）做的研究顯示，52%的公司在招募新員
工時，會偏好外語能力好的人，更有72%的公司重視員工良好
的語言溝通能力。我們可以就上面這些實際數據看到，好的外語
能力能讓你更有競爭力，然而，好的外語能力還要再加上好的口
才，才能讓你的溝通力更完整。

3. 跨文化的交流能力

　　尋求國際化就是一場冒險的開始，在這當中會遇到許多不同文
化背景的人，而知識是有效的跨文化溝通關鍵。你必須要先了解
跨文化溝通的潛在問題點在哪、癥結點在哪，並且有意識的去解
決它。而且沒有一些高低起伏怎麼能叫做冒險呢？更不可能保證

走的每一條路都正確，不是所有付出都一定會得到正面回報！每次在進行跨文化溝通時，要先調整好自己的心態，你可能會碰到很多的問題，試著去多點耐心、多花點時間。

4. 獨立思考能力

　　每個人都有自己獨一無二的思考方式及想法，獨立的思考就是善用自己的特長，用自己的風格去創造或是表現個人的觀點。獨立思考是一種工具，它會讓你表現更卓越、效率更好也更有自信，更可以藉由這樣的方式帶讓你更了解自己。

5. 創新的能力

　　不論你相不相信，我們的創造力是與生俱來的。而且並不是只有藝術家才需要創造力，我們都需要創造力、創新力來面對生活各種挑戰。每一個人都具備這樣的能力，只是你需要時間去培養、陶冶。創造力是開啟並引領你走往全新領域的鑰匙！看看飛機的發明，帶我們快速的跨越距離的藩籬；網路的出現，讓我們改變溝通的模式。創造力就是無限的可能性。

6. 毅力和戰鬥力

通常珍貴的東西都不會太輕易到手，就像大家都耳熟能詳的龜兔賽跑故事一樣，成功與否最終都與外表的形式無關，而取決於內在的堅定毅力。大發明家愛迪生也說過：「我們最大的弱點在於放棄，再多嘗試一次永遠是最保險的成功方式。」很多時候有毅力其實也就是一種有自信的象徵，毅力就是來自於那份相信自己最後一定會成功的衝勁與熱忱。

86

7. 敏銳的科技能力

國際化最初就是源自於科技的進步，是科技打破了全球距離的藩籬，也是科技拉近了人與人之間的距離，而科技能力也是發展知識經濟的基礎。因此，想要有國際腦，不只要具備基礎的軟體能力，還得時時保持敏銳的科技觸角，讓自己保持在全球浪潮的前端，不斷力求創新，才能用最精準的國際視野思考。

 **Lesson 07**

全球菁英都在學全球溝通，你必須懂批判性思考

要 走上國際舞台，批判性思考與問題解決的能力不可或缺，你準備好了嗎？

　　幾年前黃安回台就醫事件鬧得沸沸揚揚，黃安因為檢舉台獨引起多方的撻伐，後來他因心肌梗塞搭乘專機回台就醫，醫療費由

全民健保埋單，不論是媒體、名嘴、官員，甚至以救人為天職的醫生，都一致撻伐黃安浪費醫療資源，應該留在中國而不應該回台就醫。

這就是所謂的大眾觀點，很多人常常陷入從眾的盲點，無法做批判性思考（Critical thinking），沒有勇氣挑戰大眾觀點，也就是思考這樣言論當中的邏輯是否合理？其實摒棄情緒因素，黃安持有台灣身分證並持續繳納健保，即使他的道德上有爭議，他還是一個具有健保資格的病人，和大家一樣有就醫使用健保的權利，不能因為討厭一個人就排除他就醫的權利。

88

批判性思考是一種清晰、理性、有邏輯的思考能力，從古希臘時代的蘇格拉底、柏拉圖等哲學家開始至今，批判性思考就一直是許多理論、辯論的主題了。它並不是一種用來批判別人的詭辯思考模式，而是一種嚴謹、理性、有邏輯的思考能力這種審辯式思維，除了含有分析的思想之外，還含有綜合、評估及重建等思想。擅長這種思考模式的人不會接受片面的資訊，他們會用高標準質疑任何假設論點或研究，並以系統化的方式去檢視、分析。邏輯思考過程中，重點是要排除主觀情緒，以邏輯去解釋，進而引用客觀的證據和事實支持自己的立場。

☯ 為什麼我們需要批判性思考？

　　現今，科技、交通的進步讓世界變成一個更小的地方，也就意味著整個世界已經是一個無國界的競爭平台，想要在國際上具有競爭力，應該要具備批判性思考能力。

　　我們的傳統教育方式是「填鴨式教育」，透過博學強記及反覆練習題目考取高分決定能力值，並沒有去理解背後的邏輯，也從來不會去挑戰課本的思維。在這樣的體制中，思考似乎變成一種非必要且極其無效率的方式；但是面對國外注重邏輯的文化，這樣的方式常行不通。如果想進入知名跨國企業或管理顧問公司，需要善用客觀邏輯思維推理，找出解決問題的方法，也必須熟練這些思考工具（conceptual model），並運用這些工具來做有效溝通。

　　擅長批判思考的人會：

1 看得出如何從事實／假設／前提，推出論點的關係。
2 檢視及評估各種事實／假設／前提。
3 檢視各種邏輯推理的誤謬。
4 直搗問題核心論點，不跳脫問題論點範圍。
5 替自己的信仰、價值觀及論點辯駁。

　　而要怎麼訓練自己批判性思考？以下是建議大家可以進行的自我訓練：

1. 前提：足夠的資料量

　　批判性思考需要大量的知識做為基礎平台，而後續的邏輯運轉都是建立在這些知識前提下，再由大腦去從資料庫裡面抓出可以應用的論證來執行。更重要的事是，所有的知識都應該要能融會貫通才能靈活運用。

2. 質疑

　　在資訊爆炸的時代，充斥著各種新聞媒體、網路資訊，錯誤與正確的資訊混雜，你必須要有思考、質疑的能力去分辨對與錯。不僅是質疑別人，也要質疑自己！目的其實就是要你全方位的思考，並且利用你腦中那些已知、肯定正確的資料庫做分析。

3. 執行程序

最近社會因連續幾起的隨機殺人事件，是否廢除死刑的議題再次被熱議，新聞名嘴、立委、教育家等不同領域專業人士都爭相發表意見，但每個人說的都不一樣，你又是怎麼想的呢？試著以死刑議題，做為你批判性思考訓練的題材思考一下：

Discover/Explore 發現與探索

仔細看看這個問題，深入了解這個議題。在我們選邊站之前，先蒐集證據並深入研究廢死刑與支持死刑的原因與出發點。就算到最後沒有要改變立場，在深入研究這個過程當中，我們也可以提出證據支持自己的立場，對於反對聲音，我們更能用有效證據來反對他們。

91

Negotiate/Cooperate 協商與合作

不同家庭背景的人、不同成長環境的人、不同專業領域的人會想到的都不一樣。除了表達自己的意見與看法之外，還要仔細聽聽各方的意見、想想他們的立場，參與討論之後消化他們的論點。但要記得，不可能有人什麼都懂、盡善盡美，你思慮不周導致的盲點永遠都有可能存在。

Test/Revise 測試與修正

衡量前面二個階段所蒐集到的各種資料、證據或是多種角度的看法，評估這些論證點的可信度。然而每個人心裡其實都有自己既定的成見，在做評估時，盡量讓自己保持開放、公正的態度。

Intergrate/Apply 整合與應用

把你原先既有的各種想法和新得的「可信」資訊清楚的整合起來。這個階段就是需要最多腦力激盪的時刻了！發覺先前看似都合理的論據互相衝突？一連串的事件時間突然兜不上了？試著把所有的素材都拿出來，退一步看，或許就能看到全貌了。

Inform/Describe 告知與描述

有條理的描述，需要清晰的思路邏輯。為什麼會這麼想？有什麼資訊可以舉證？或許腦中有千頭萬緒，有太多資訊可以提供、太多想法可以分享，但是嘴巴只有一個，你不能期待當你一次把所有東西都亂七八糟的倒出來就可以得到別人的認可。試著結構式的循序漸進表達，引導別人來到你的思路上，說服他！

4. 跳出自己的框框

其實每個人都有自己固定的思維模式,人們在思考時常會預設立場,無法思考他人的意見,甚至有時候根本連自己都無法察覺自身思考上的錯誤,所以放棄主觀成見,用開放的心態與他人用客觀的方式來思辨。

5. 注意論述引用的證據

當你接收了一條新資訊並開始思考時,絕對要試著從細節裡面找問題。例如:

1 想想整件事情的前因後果是否符合邏輯?

2 資料中的證據是否有效力?

3 考量影響論述的因子是否全面完整?

常見的邏輯謬誤

有些邏輯上的謬論,單獨拆開來看其實蠢得可以,但在我們日常生活中卻到處被人拿出來招搖撞騙,了解這些常見的錯誤邏輯

模式，能讓你一眼看出別人的奧步：

1. 錯誤因果關係 False casual relationship

　　兩件事情先後發生，不代表有必然因果關係，可能只是巧合，不一定存在必然因果關係，驗證這樣的講法可以用邏輯學上的「逆否命題」來確認。

不一定有因果關係

> **例子** 新聞上週播報咖啡容易導致失眠，本週咖啡銷售量下滑，所以是新聞播報導致咖啡銷售量下滑。
>
> **事實** 咖啡豆價格上升，導致咖啡銷售量下滑，並非是失眠報導引起；逆否命題驗證，咖啡銷售量上升，一定是不存在失眠的報導？

倒因為果

　　A、B兩個訊息存在但沒有明顯先後次序，推論A導致B，事實可能是B導致A。

> **例子** 某英國研究發現，抽菸的人比起不抽菸的人，比較容易罹患憂鬱症，所以是抽菸導致憂鬱症。
>
> **事實** 憂鬱的人比較容易成為抽菸者。

2. 可疑調查
Doubtful survey methodology

原始資料就是錯誤的，用這些錯誤資料來推理，自然也是錯誤的。

調查機構不具權威

A、B 兩個訊息存在但沒有明顯先後次序，推論 A 導致 B，事實可能是 B 導致 A。

> **例子** 根據 X 報民調抽樣，支持 A 黨派候選人的比例較高，所以 A 黨派候選人一定會當選。
>
> **事實** X 報民調不一定為公正客觀的機構，例如尼爾森市調或蓋洛普民調有一定的客觀公信力，X 報可能本身就有政黨傾向，民調可能被人為操控。

樣本沒有代表性

統計抽樣樣本不夠分散平均，只針對有特定屬性樣本做抽樣。

> **例子** 根據民調抽樣，支持Ａ黨派候選人的比例較高，所以Ａ黨派候選人一定會當選。
>
> **事實** 統計抽樣地區只抽取政黨傾向Ａ黨派的地區，以偏概全的證據無效。

比較基礎不同

調查常引用實驗組及對照組，但是兩組的基礎和範圍不一致，造成證據無效。

> **例子** 跟知名部落客到世界各地旅遊發現，1999年以前蓋好的飯店裡的木工裝潢，比起2000年以後蓋好的飯店木工裝潢，整理來說比較精緻細膩且耐用，所以1999年以前的木匠比較用心、技術比較高。
>
> **事實** 1999年以前做不好的木工都已經毀損或丟棄，留下來的自然是比較好的木作，所以只拿1999年以前最好的一批和2000年以後整體來比，基礎並不相同。

統計數字代表性

媒體常常拿統計數字來強調極端性，讓民眾產生錯誤感覺，所以看到引用統計數字時，應該先思考這是正常水準下還是異常水準下的數字，這個數字反映的背景是暫時的還是永久的。

例子 對台灣人調查的統計數字顯示，目前90%的民眾都認識失業的人，台灣經濟非常慘澹沒有希望。

事實 平均來說每個台灣人都認識50人，失業率正常水準是5%，所以身邊親朋好友可能有2～3個人失業是正常的。

例子 XX投資銀行分析師説，去年油價每桶60元，今年油價已經漲到110元，我們可以預期明年每桶一定破150元。

事實 按照歷史數據及世界上使用原油產業的成本利潤分析，價格60元是正常水準，產業未革新前在40～80元波動尚屬合理，110元已經超出合理區間的短期異常價格，所以每桶150元不一定會實現。

3. 錯誤類比
False analogy

兩件事時空背景不同，可能存在未考量到的差異導致結果不同。

地點不同

A、B兩個訊息存在但沒有明顯先後次序，推論A導致B，事實可能是B導致A。

> **例子** 美國的量販店在聖誕假期展開促銷，營收和獲利都上升了，所以中國的量販店也應該在聖誕假期促銷，營收和獲利都會上升。
>
> **事實** 中國和美國對過年這點民情不同，中國在過年促銷營收才有可能上升，而且營收上升不代表獲利一定上升，美國可能產品價格高利潤高，中國可能價格低影響利潤。

時間不同

> **例子** I牌手機過去只要一推出就會大賣，所以對於新一代的手機，推出後就一定會大賣。
>
> **事實** 過去經驗不代表未來一定如此，要考量時空背景，過去大賣是因為每一代的手機都有創新應用，新一代的沒有創新。

4. 過度簡化 Oversimplification

影響某件事情的因素可能有很多，不能只考量部分原因就貿然做決策。

例子 經濟學理論中，貨幣貶值會使得出口增加，所以政府採行貨幣貶值的政策後，出口一定大幅增加。

事實 會影響出口有很多因素，例如產品在國際上是否有競爭力，或是工廠有沒有多餘產能去生產貨品來出口。

5. 錯誤二分法
Either or

政治人物最喜歡玩的把戲，A or B？A正確B就一定錯，或是B正確A就一定錯，忽略考量A、B都對或都錯的空間。

例子 A政黨提出一個政策，最後事實證明A政黨政策無法達到預期效果，B政黨過去極力反對A政黨，因為兩黨立場總是不一致，所以B政黨提出的政策一定是有效的。

事實 兩黨的政策都沒有效果。

Lesson 08

觀眾 4 類型
秒懂觀眾，
簡報大加分

100

台灣觀眾對國際化的認知與需求不一，你必須先掌握他們的特性，才能作一場好的英語簡報。

國際化這個議題，近年在台灣才開始逐漸升溫，受到各界的關注與較多的討論。但所謂的國際化到底必須具備哪些條件或如何定義？能肯定的是，絕對不會以多益考滿分，或是英文能講得多好多標準來評斷。不妨來看看以下兩個資訊：

由科爾尼顧問公司（A. T. Kearney）、芝加哥全球事務委員

會（Chicago Council on Global Affairs）和《外交政策》雜誌
（Foreign Policy）合辦的全球城市國際化指數（Global Cities
Index）排行榜，2015年前10名分別為：紐約、倫敦、巴黎、東
京、香港、洛杉磯、芝加哥、新加坡、北京、華盛頓。這份榜單
的獨特之處，在於它不僅以商業和金融角度去評比城市的水準，
65個主要城市接受5方面的評比：商業活動、人力成本、資訊交
流、文化體驗、政治參與，以此決定其國際化的程度。

　　榜單公布的同時，《外交政策》雜誌也刊登了一篇報導，指出「台
北恐陷邊緣化」。中華國家競爭力研究學會理事長、台北大學公共行
政系教授黃朝盟分析：相較對岸（中國）城市排名亮眼，台北市排第
39名算很後面，世界眼光已放在中國快速發展城市，對中國市場有
期待也影響評比。台北市就像家很賺錢的公司，但競爭者一個個趕
上，台北卻沒辦法找到新的發展角度，就像沒特色的老化城市，成
為最易衰退的競爭者，恐陷入邊緣化危機。當務之急是在人文、環
保及文化遺產上發展城市特色。目前台灣人對國際化，在有無概念
及有無需求上，可以分為4種類型：一是有概念、有需求；二是有概
念、沒需求；三是沒概念、有需求；四是沒概念、沒需求。

　　這也衍生出4種型態的觀眾，當你需要面對他們進行英語演說或
簡報時，能確實掌握他們的特性與需求，你的簡報才能成功。

1 Investor 投資者型態

　　投資者型態的觀眾，本身會主動融入國際脈動，歸類於有概念、有需求的象限。

特性

● 隨時需要靈活彈性調整布局，或是移轉配置轉嫁風險者。

● 此類型人士對於全球資訊的掌握需求高，希望能達到同步的境界。

● 除了平日透過平面及數位媒體獲得資訊，也經常會出國實地了解當地的實際狀況，以達到全方位完整的全球資訊整合。

需求

● 對最新時事的掌握，如氣候變遷、文化差異、政治異動、新興產業、商業區域遷移、區域經濟的變化及影響等。

如何滿足

● 將不同領域各個層面未來大方向的發展的結構，圖像具體化，再針對產業對象的不同調整主題及專業術語，讓他們能充分掌握國際動態。可以用下列架構，套用在不同產業上：

新的知識理論 → 可衍生出的新科技類型 → 可能發展的創新服務 → 預估未來效益

2 Employee 雇員型態

　　雇員型態的觀眾，一般而言每日反覆在例行性的生活模式上，鮮少有人會重視能與國際接軌的資訊。但在全球化的影響下，加上自動化的興起，未來很可能從目前的崗位被淘汰。因此，國際化的視野及能力，絕對是迫在眉睫必須具備的重要本質學能；但此類型的人往往都不自知。歸類於沒概念、有需求的象限。

特性
● 80%個性較為保守穩健，較不想接受新的挑戰或增加額外的工作。注意力會比較投注在家庭生活，或一般民生生活上的小確幸，對不確定性的事物，都會持比較保留的態度，不會輕易嘗試冒險。
● 20%對工作較有企圖心，想力爭上游有所表現。但因為沒有宏觀的態度及想法，一般只能停留在work hard的階段，無法再更上一層樓。只有極少數人能透過不斷的學習國際新知，打開更開闊的視野，強化自己的競爭力者，能達到work smart的階段。

需求
● 80%想了解有別於平日例行生活，較有趣味性的一些活動及訊息。
● 20%想了解學習如何升職或轉職到更好的工作環境的資訊。

如何滿足
● 提供過去社會演變實際狀況，再往未來推算展演，提升危機意識並誘發動機。
● 透過以往實務成功的案例，卸下恐懼，提高改變及接受國際新知的興趣及勇氣。

3 Self-employee 專業工作者型態

此類人所接觸範圍多為專業領域，人們會主動需求他們的協助，因此鮮少需要交際或有向外發展之需求，歸類於有概念、但無需求的象限。

特性

● 在各自的專業領域皆相當的專精，多數在其所屬的領域上，需定期更新或充實新的操作技能或專業知識。對於所屬專業以外的資訊，較不為關心。

● 相較於其他3種類型，這類型人士自視較高。

● 由於高度專業化，因此較無需主動與他人接觸，所以對於資訊的來源，篩選標準極為嚴格，絕對要有科學實證，才會採納所接收到的資訊。

需求

● 喜歡有所本、專業度夠、精準度高，做事按部就班，遵循有效率的SOP流程。

如何滿足

● 有邏輯、有數據、能夠被實證，並經過嚴謹的計算及實驗後的結果。

● 量化他們進入國際市場的優勢、劣勢及國際化之後，所能帶來的效益。

4 Business Owner 企業家型態

此類型多本著固有的思維，由於經常為事件決策者，所以通常會主觀意識較強，不易接納外界的經驗，歸類於沒概念、沒需求的象限。

特性
- 能力強，極度重視效率及速度，凡是皆以結果論，不喜歡太多解釋、藉口及理由。
- 思考較跳躍，不喜按部就班，喜歡簡化流程步驟。但在做一個決策前，會找出多種方法，比較後再選擇其中認為最省時省力的方向。
- 果決，但也經常會因速度過快，沒花時間深思熟慮，而導致決策錯誤。

需求
- 有效率、速度快、多樣選擇、內容簡單明瞭、有成果的。

如何滿足
- 先提出目標，然後如何快速達到成果，過程用重點提示不贅述過多細節。

你的觀眾是誰？

先了解觀眾的屬性，你就會知道該用什麼方式與他們溝通，怎麼樣才能說進他們的心坎裡，達到你想要的目的。

A 有概念、有需求	投資者型態：投資者 Investor
	現實條件 有錢、有閒
	特質 重視感覺，善於將數字及文字視覺化；喜歡的內容是明確而有趣的願景，最好將願景具像化。
	偏好 展示型的演說、說服性的演說

B 沒概念、有需求	雇員型態：一般職員、勞工 Employee
	現實條件 固定薪水、沒時間、沒錢
	特質 不喜歡挑戰及冒險，喜歡借鏡過去案例；因此內容須具備過去成功經驗，並將所有細節都交代清楚。
	偏好 特殊節日紀念性的演說、娛樂型的演說

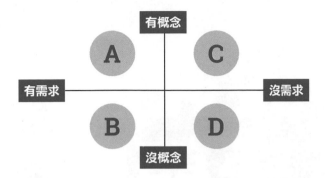

C	專業工作者型態：小老闆、律師、醫生等 Self-employee
有概念、沒需求	**現實條件**　薪水不錯、沒閒 **特質**　有條不紊思慮周密，需要充分完整的資料，科學實證充足的論點；此種提案必須要有一張總結簡報，以及後續所有完整的附件。 **偏好**　知識性的演說、展示型的演說

D	企業家型態：企業家、系統組織 Business Owner
沒概念、沒需求	**現實條件**　有錢、沒閒 **特質**　目標導向、節奏緊湊，喜歡多元的內容及各類解決方法；分析不同方案的利弊得失，提供不同組合的選擇。 **偏好**　知識性的演說、展示型的演說

Part 3
令人WOW的
英語簡報力

The Fundamental
Principles
of
Presentation

如果無法以英語清楚表達簡報，你的
溝通效果將大打折扣。學會英語簡報
的組織架構、適用的語言，融合東西
方思考模式，更能說服老外，表現你
的專業能力。

Lesson 09

了解自己及5W1H
英語簡報前，
你必須知道的5件事

110

不要再讓破英語和爛簡報技巧扼殺了你的任何機會與舞台！啟動職場的進擊，有5件事你一定要知道。

　　簡報、展示說明、準備演說、發表企畫案，如果你的對象是外國人，該怎麼表達最適切？用英語做簡報，就是把中文翻成英文？還是你一遇到要說英語時，就會出現頭昏腦脹或是說話結巴的狀況？

在職場上，英語是溝通工具，為的是把訊息正確無誤傳達給對方，根據調查，有9成以上的人，因為無法以英文清楚表達簡報，而使溝通效果大打折扣。想要表現亮眼、克服恐懼症，用英語自信的做簡報，其實是有方法的。

學會英語簡報的組織架構，不同段落如何鋪陳、如何開場、如何搭配視覺效果，搞懂適用的簡報語言，融合東西方思考模式，幫助你的簡報更有層次，畫龍點睛營造出好氣氛，表現你的專業能力。在開始前，以下5件事是你必須先了解的：

第一件事　找到我的個人風格（DISC測驗）
第二件事　簡報時不能有模糊地帶
第三件事　我到底想要說什麼？（傳遞表達力）
第四件事　察言觀色
第五件事　與觀眾互動

第一件事：找到我的個人風格（DISC測驗）

首先，要找出自己的個人風格。在現今台灣的教育當中，多半未提及講者要自我認知的部分。如果你對自己還不是很了解，不如利

用這個機會，好好了解自己適合什麼樣的風格。

　　DISC性格測驗是依據心理學家William Moulton Marston的理論建構而成的一種人格測驗，此理論把人類的行為模式分為4大類，包括支配型（Dominance）、影響型（Influence）、穩健型（Steadiness）和分析型（Conscientiousness），許多國內外企業會以此做為選才依據，透過DISC，你也可以快速對自己有進一步了解。

DISC 人格測驗

測驗方法說明：以下 20 道題目，請選擇最符合你狀況的答案，在框框內打勾（單選）。

1 當你和朋友一起用餐，在選擇餐廳或吃什麼時，你常是？

☐A 決定者：意見不同時，通常我都是決定者。

☐B 氣氛製造者：不管吃什麼，我都很能帶動情緒氣氛。

☐C 附和者：隨便，沒意見。

☐D 意見提供者：常否定別人的提議，自己卻又沒意見，不做決定。

2 當你買衣服時，你是？

☐A 不容易受銷售人員的影響，心中自有定見。

☐B 銷售人員的親切及好的感受，常會促進你的購買意願。

☐C 找熟悉的店購買。

☐D 品質與價錢是合成比例，價錢是否合理。

3 你的消費習慣是？

☐A 找到要買的東西，付錢走人。

☐B 很隨意的逛，不特定買什麼。

☐C 有一定的消費習慣，不太喜歡變化。

☐D 較注意東西好不好，較有成本觀念。

4 你的朋友形容你時，他們會說？

☐A 蠻鴨霸的。

☐B 熱情洋溢。

☐C 溫和斯文。

☐D 要求完美

5 你自認哪一種形容，最能表現你的特色？

☐A 果敢的，能接受挑戰。

☐B 外向活潑，不拘禮節。

☐C 善於傾聽，喜歡穩定。

☐D 處世謹慎小心，重視數據分析。

6 你覺得做事的重點，應該是？

□A What，做什麼，重視結果。
□B Who，誰來做，重視感受（過程）。
□C How，怎麼做，重視執行。
□D Why，為何做，重視品質。

7 與同事有意見衝突或不同時，你會？

□A 說服對方，聽從自己的意見。
□B 找其他同事或上司提供意見，尋求支持。
□C 退讓，以和為貴。
□D 與衝突者協調，找尋最好的意見

8 什麼樣的工作環境，最能鼓舞你？

□A 能讓你決定事情，具領導地位。
□B 同事相處愉快，處處受歡迎。
□C 穩定中求發展。
□D 講品質，不露感情。

9 以下的溝通方式，哪一項最符合你？

□A 直接了當，較權威式的。
□B 表情豐富，肢體語言較多。

□C 先聽聽別人的意見，而後表達自己的意見。
□D 理多於情，愛分析，較冷靜。

10 在每一次會議中或公司決議提案時，你所扮演的角色為何？

□A 據理力爭。
□B 協調者。
□C 贊同多數。
□D 分析所有提案以供參考。

11 以下哪一句話符合你？

□A 我做事一向以具體、短期能達到為目標；決定快，立即得到結果。
□B 在本性上，我喜歡跟人交往，各式各樣的人都行，甚至陌生人也行。
□C 我不喜歡強出頭，寧可當候補。
□D 我是一個自我約束，很守紀律的人，凡事依照既定目標行事。

12 以下哪一句話符合你？

□A 我喜歡有變化、力量、激烈、競爭，是可接受挑戰的人。

□B 我喜歡社交，也喜歡款待他人。

□C 我喜歡成為小組的一分子，固守一般性的程序。

□D 我會花很多時間去研究人事物。

13 以下哪一句話符合你？

□A 我喜歡按自己的方式做事，不在乎別人對我的觀感，只要能成功。

□B 有人與我意見不一致時，我會很難過或困擾。

□C. 我知道做些改變是有必要的，但即使如此我還是覺得少冒險比較好。

□D. 我對自己及他人的期望很高，這都是為了符合我的高標準。

14 以下哪一句話符合你？

□A 我擅長處理棘手的問題。

□B 我是個很熱心的人，喜歡跟別人一起工作。

□C 我喜歡傾聽，不喜歡説話，我一開口説話都很委婉溫和。

□D 處理事情時我比較不帶感情，是就是，不是就不是。不把感情牽扯進來，也較少與人閒聊。

15 以下哪一句話符合你？

□A 我喜歡競爭，有競爭才能把潛能完全發揮出來。

□B 我較感性，與人相處，處事較不注意細節。

□C 我是個理性的組員，順著群眾，具有高度的團體意識。

□D 對事我喜歡去研究，講求證據和保證。

16 以下哪一句話符合你？

□A 我喜歡能力與權威，這是我想要的。

□B 我有時很情緒化，一旦生氣都氣過頭。置身於有趣事物中時，往往無法掌握時間。

□C 我喜歡按部就班，穩紮穩打，慢慢的做事而不喜歡破釜沉舟。

□D 我很注意人事物的細節。

17 以下哪一句話符合你？

□A 對熟悉的環境，我傾向喜歡去掌握及支配他人。

□B 在團體中我喜歡打成一片，活活

115

潑潑氣氛很好，有感情的相處。

☐C 我較遵守傳統的步驟做事，不喜
歡有大變化。

☐D 在沒有掌握事實真相、有更多資
料之前我寧可保持現狀。

18 以下哪一句話符合你？

☐A 我在與人溝通時，會直接了當的
說，不喜歡兜圈子。

☐B 我喜歡幫助人，相親相愛。

☐C 我不喜歡多變化的環境，需要穩
定安全的生活方式。

☐D 凡事我要求準確無誤，講求高品
質、高標準的處事原則。

19 以下哪一句話符合你？

☐A 我不喜歡別人逗我開心，不喜歡
太多話的人。

☐B 我喜歡參加團體活動，因為與大
家在一起感覺很好。

☐C 對事情我沒有太多的要求與意
見，喜歡靜靜的、耐心的做事。

☐D 我做事要有一套經過計畫設計的
標準作業流程來引導方向。

20 以下哪一句話符合你？

☐A 我討厭別人告訴我事情該如何
做，因為我自有一套準則，不喜
歡被別人支配。

☐B 我是個有朝氣而且外向的人，別
人喜歡跟我一起工作。

☐C 我喜歡獨處，與人生活在一起會
注意盡量不去打擾他人的居家生
活。

☐D 我很少加入別人的閒聊，當話題
有趣時，我會找更多資料，小心
進行對話。

DISC 測驗結果

請統計你的答案，選擇 A 最多則為 D 型，選擇 B 最多則為 I 型，選擇 C 最多則是 S 型，選擇 D 最多則是 C 型。

 is for Dominance
支配型（選擇 A 最多）

特質 具實踐力、行動力、果斷力。

喜歡支配、管理，以目標為導向。

熱愛壓力及挑戰，適合做企業家及管理階層。

117

缺點 不在乎他人感受，不接納意見。

缺乏圓滑及變通，沒耐心。態度尖銳、多疑。

改善 或許你可以試著多些耐心，多注意細節，試著聽聽別人的想法，並表達你的感受。

溝通 和 D 型人溝通時，說話時要簡明扼要，不要東扯西扯拖泥帶水，直接切入重點。

I is for Influence
影響型（選擇 B 最多）

特質　喜歡與人互動，且擅常社交。

表達能力佳，有群眾魅力。

愛表現，有創意，活力充沛。

缺點　粗線條。

以自我為中心，有時候話說得太多，談的卻都是自己。

害怕不受歡迎，容易盲從。

情緒化，沒有毅力、難專注，組織能力不好。

改善　說話前先思考，控制一下你的表現欲，做些長期規畫，不要半途而廢。

溝通　和 I 型人溝通時，絕對不要打斷他們說話，你可以丟一個話題出來，然後他們就會接上，滔滔不絕的說下去。不妨當個好觀眾，適時稱讚，再把他們引導到你想要的結果上。

S is for Steadiness
穩健型（選擇C最多）

特質　喜愛安定，因此穩定性高。

　　　善於團隊合作，冷靜、有耐心，擅於聆聽。

　　　溫和有禮並且忠誠。

缺點　拒絕改變。

　　　目標感不強，主觀意識薄弱。

　　　無法承受壓力，不擅於做決定。

改善　接受一些新的挑戰、嘗試新事物，多和別人溝通交流，訂定
　　　一些生活目標，不要得過且過。

溝通　和S型人溝通時，不要施加太多壓力，少些侵略性，要給他
　　　們一些時間慢慢來。

C is for Conscientiousness
分析型（選擇D最多）

特質 以思考為主，深思熟慮。

嚴肅，追求完美，關注細節且高標準。

有條理，有組織。交友慎重，但一旦交往，就會很忠誠的對待朋友。肯關心別人，情感豐富容易感動。

理想主義，目標感很強，會朝著自己的目標前進。

缺點 想得太多，但是做得太少。

優柔寡斷，容易抑鬱、悲觀，天生消極，易受環境影響，情緒化。

有時很難相處，過度敏感，大驚小怪。

改善 放鬆點，有時候可以不必這麼認真，正向思考，計畫要付諸行動，多發掘他人的優點。

溝通 和C型人溝通時，一定要先打動它，但不能太著急，必須慢慢建立信任感。

四型演講優勢

根據你的人格特性，找出最適合你的演講類型

D **支配型**

性格 有競爭力、毅力強、目標明確

適合的演講類型 特殊場合及紀念性演說、說服性演說

I **影響型**

性格 愛互動、熱情、愛表達

適合的演講類型 說服性演說、娛樂型演說

S **穩健型**

性格 和平、融入、安穩

適合的演講類型 知識性、展示型演說

C **分析型**

性格 愛研究、重隱私、邏輯強

適合的演講類型 知識性、說服性、展示型演說

了解你自己之後，你還需要打破以下 3 個迷思：

1. 不要盲目追求不屬於你的風格

　　永遠要清楚了解你自己，請分析出 3 種自己的個性。不管私底下的你是幽默、嚴謹、分析能力好或是浪漫有活力，請把原汁原味的你搬上講台。國際場合的演講，觀眾非常注重講者的風格，講者的演講風格不一定要跟著演講主題走。有時會看見講者用非常幽默的方式來探討生與死，也有人會用非常謹慎的方式講述美貌。不管你的個人特色與演講主題是衝突或是融合得很好，請讓觀眾看見那個「最特別的你」。

2. 不要追求完美，完美並不等於有效

　　最完美的演講，其實是你呈現出來的專業與態度。人際關係學大師卡內基（Dale Carnegie）對於口語表達有深入的研究，他認為，「演講不是一門藝術，是一種技術，而且是人人都需要的一種技術。」在任何國際大場合的演講，主辦單位都會提早告知講者，讓演講者有足夠的時間準備。專業能力是平常職能的累積，但演講能

力基本上都是每一位講者用心練習出來的,我們常講的「完美演說」在現實生活中根本不存在。仔細去思考看看,沒有完美的人事物,只有最完美的態度;一個人的口語表達,其實是透過訓練和不斷的練習培養出來的自信。

3. 主角是你,不是演講題目!讓你的魅力征服你的題目

在一場好的演講中,除了傳遞想要讓觀眾知道的訊息之外,最重要的是讓觀眾都記得你。每個專業領域都有很多的專業人士,但在專業領域當中,如何才能夠好好的表達,使專業變得生動?有一些人天生麗質,但卻不是天生麗質的講者,要想辦法讓自己講出天生「勵志」的魅力!先把主角是自己的觀念搞清楚,才不會讓觀眾忘記你。

● 第二件事:簡報時不能有語言模糊地帶

當你講完 場演講,觀眾對你的英文印象只會有「好」與「不好」。講英語很簡單,但要用到精準非常困難。許多母語是英語的人都是一修再修、一改再改,不要訝異,即使是他們也常無法精準使用英文,更何況是我們非英文母語的講者。

🍪 第三件事：你到底想要說什麼？傳遞表達力

一場商務簡報中最困難點在哪裡？我認為是「事前的資訊蒐集」，我們先來說說要蒐集什麼，然後再來談為什麼蒐集這些資訊很重要。

簡報製作前必問 6 件事：5W1H

簡報前，一定要仔細思考以下這 6 件事情：

Why 為什麼會有這次的簡報？我希望達成什麼樣的目的？觀眾又有什麼樣的目的？

What 要簡報些什麼？說明些什麼？觀眾想要聽些什麼？我們想要讓觀眾知道些什麼？

Who 觀眾有哪些人？誰是關鍵角色？誰是有影響力的人？誰的意見會被參酌？誰支持？誰反對？這些人之間的關係又是什麼？

When 何時作簡報？簡報的時間有多長？

Where 簡報的場地，空間有多大？座位的擺設如何？

How 簡報的形式，是口頭簡報，或者是投影式的傳統簡報？是演說還是課程？是一對一還是一對多？

124

簡報最重要的3件事：

Why　為何簡報？

Who　對誰簡報？

What　簡報什麼？

如果缺乏這3件事情，你覺得你的簡報是否會順利？準備的方向會不會有所偏差？想一想，老闆要聽的跟一般員工想聽的會一樣嗎？教授跟學生想聽的是否不同？以銷售為目的的簡報與建立關係的簡報，內容是否會不同？

以上的問題，答案顯而易見，資訊的品質，將大大決定你簡報的成敗。也許你擁有很棒的簡報設計能力，也有很好的表達能力與口才，但若沒有正確的資訊來支撐，你就會如同一個好演員沒有好劇本一樣，白忙了一趟。

在簡報前就把這些資訊蒐集清楚，你的簡報方向就不會偏差太大，擁有這些資訊，你等於掌握了戰場的全貌，接著用什麼樣的戰術拿下這場戰役，就由你來運籌帷幄了。在商務場合，我們看過太多沒搞清楚狀況就悶著頭開始做簡報的人，最後的下場都不會太好，因此在做簡報之前，請記得先問5W1H。

125

🌑 第四件事：察言觀色

你可以運用5種感官去塑造你的簡報方式，並營造現場的氛圍。

看看看觀眾的表情與專注度。在一場演講中，觀眾注意力最高的時候是在開頭和結尾，中間的起承轉合與速度快慢，其實需要講者由觀察觀眾的表情與情緒來做調整與變化。

看 看看觀眾的表情與專注度。在一場演講中，觀眾注意力最高的時候是在開頭和結尾，中間的起承轉合與速度快慢，需要講者由觀察觀眾的表情與情緒來做調整與變化。

觸 有些講者需要摸到自己的講稿才會安心，那就放心的把小型演講稿帶上台，忘記的時候瞄一眼。

聽 聽聽台下是不是已經開始交流，或是觀眾在笑？還是在打呵欠？可以選擇性帶入笑話與互動，營造你想要的交流模式。

聞 不是所有講者都可以適應新環境的味道，你可以噴一些讓自己聞了安心的香水或是體香膏。

嘗 上台之前，不如吃一顆自己喜歡的糖，或是喝一口自己喜歡的飲料，讓自己安心。

第五件事：與觀眾互動

　　大部分的簡報場合中，我們面對的都是一張張陌生的臉孔，該如何激起他們對你的認同？學習是個互動過程，可以拋出問題引起觀眾回答。不管他們回答什麼，都要肯定他們的勇氣。

1 眼神交流：請在講話過程柔和的看著觀眾，展現出誠意。

2 記得要微笑：微笑讓觀眾卸下心防，專心聽講。

3 講笑話或是自嘲：高明的講者都會回憶過去自己的愚蠢行為，在一場大型簡報中承認弱點，反而是一種非常適合與觀眾拉近距離的方法。

 **Lesson 10**

英語簡報組織架構
來一客
英語簡報漢堡

128

簡報的三大層結構，如同一客客美味的漢堡，有豐富的內餡才能引起觀眾的食欲。

在你還沒有很會組織簡報演講之前，不妨從最基礎下手。所有演講結構都會包含以下 3 個部分：

Introduction 前言

　　在前言當中，首先要把主題跟簡報的重點講出來，先簡單說明這場簡報當中的大綱精華。如果簡報的題目跟自己的感覺與立場有關，一開場也會直接破題。在整理前言之前，問自己以下幾個問題，可以幫助你整理思緒。

整理思緒

- ! 我的簡報主題是什麼？
- ! 為什麼觀眾要花時間聽我簡報？
- ! 我的簡報重點是什麼？

129

怎麼做開場？

　　建議從以下 9 種方式擇一切入，有助於引起觀眾的注意力。

- ! Story　故事
- ! Joke　笑話
- ! Question　提問
- ! Shock statement　令人驚訝的事
- ! Quote from research number　引用研究數據
- ! Positive statement　正面思考
- ! Surprise　驚喜

! Referring to current event 事件的連結

! Referring to a well known person 人物的連結

範 例

Hello, everyone. Thank you for hearing me. My name is Maddy, and I am going to be speaking to you about imagination today. To begin, imagination is important because imagination create our future.

點出此次簡報的主題：想像力

此次簡報的重點：想像力帶來美好的未來。這也是吸引觀眾願意花時間聽的

130

⬤ Body 主體段

在接下來的主體段，講者會把重點規劃並分成幾個副段落，而每一個副段中，會設定一個支持整個主軸的論點層層堆疊而起，重點就是要增加說服力去說服觀眾。因此在這部分，我們需要很豐富的資訊、資料、數字、影像，去證實自己的理論或研究。所以主體段通常要花很多時間收集佐證的資料。

在主體段中，通常都會分成3個左右的副段，而每個副段就像一個漢堡，有最上層與最下層的麵包，中間夾上生菜、起司、肉片等內餡，也就是先提出你的支持論點當開頭，中間用2句話去闡述說明此論點，並舉一個例子，最後再以段落小結包覆住整個副段。

簡報主體段的漢堡結構

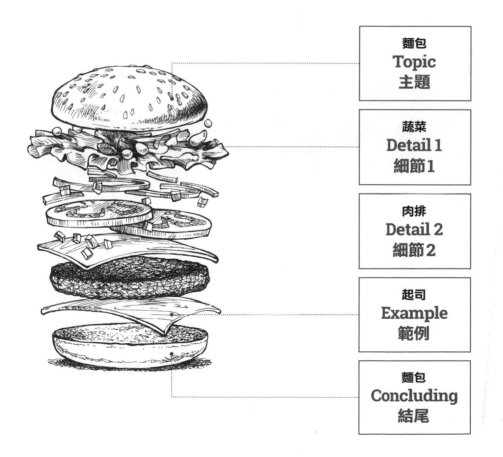

麵包
Topic
主題

蔬菜
Detail 1
細節1

肉排
Detail 2
細節2

起司
Example
範例

麵包
Concluding
結尾

● Conclusion 結尾

準備簡報

Step
by
Step

- 不知道該如何下手？
- 如何準備簡報才能發揮最大效用？
- 跟著以下的步驟，你也可以朝簡報達人邁進。

132

| 事前準備 | 1 Think about the purpose of presentation |
| | 2 Analyze the Audience |

組織內容	3 Gather enough material
	4 Compose one conscience sentence that clearly states your purpose
	5 Construct an outline
	6 Add Support

替你的簡報增色	7 Add all visual Adds
	8 Devise an opening with Impacts
	9 Craft your conclusion
	10 Write your speech, polish it, edit it

| 最後檢查 | 11 Make a last minute check-list |

在結尾的部分，再把重點重新論述一遍，為的是再次強調你希望傳達的要點（Take Home message），確保觀眾都能記得你本次簡報的要點。

簡報目的

對觀眾做背景調查

蒐集及整合資訊，有效刪除不會用到的資訊

想一個能夠陳述這次演講目的的句子

準備2～4段簡報大綱

在每一段大綱後面加上解釋與例子

加上視覺元素

設計吸引觀眾的開場

準備有力的結尾

寫下演講稿，精修，再修改

列出確認表並檢查是否都有完成

不斷練習　Practice delivering the presentation

133

 **Lesson 11**

超過100句！超加分的英語簡報用語

說一句話，可以讓你的溝通效果翻倍。英語簡報該如何開場？如何轉折？如何引導觀眾注意力？如何讓結尾呼應主題？

　　要讓觀眾知道你的簡報主題，在開場時該怎麼說？當一個主題說完要進入下一個主題前，該如何讓觀眾跟著你繼續聽下去？想要觀眾將注意力轉到投影片上，要如何引導他們？簡報接近尾聲時，如何再次提醒觀眾你想傳遞的訊息？開放問答時，如何確保提問者有得到他想要的答案？

說對一句話，可以讓你的溝通效果翻倍。英語簡報時，在開場、陳述大意、過場、結尾、問答等情況下，該怎麼說才能將自己的意思表達清楚，更讓觀眾充分了解？只要照著以下範例多多練習，將這些語句運用於你的簡報中，成功的英語簡報將離你不遠。

1. Useful language for overviews
實用的開頭用語

簡報的一開頭，你可以先介紹自己，以及本此簡報的主題、架構、時間安排等。

● My aim is to...	我的目標是……
● The objective of this presentation is...	這次簡報的主題是……
● I'm here to...	在此我將……
● My presentation is in three parts.	我本次的簡報有3個部分。
● My presentation is divided into three main sections.	我本次的簡報分為3個部分。
● Firstly, secondly, thirdly, finally...	第一、第二、第三、最後……
● I'm going to... take a look at...	我們來看一下……

● talk about...	我們將會討論到……
● tell you something about...	我將會告訴你……
● examine...	我們來檢視一下……
● give you some facts and figures...	我會帶大家看些資料及數據
● fill you in on the history of...	我將和大家簡報……的故事
● concentrate on...	我會把重點擺在……
● limit myself to the question of...	我會專注在……問題上
● Please feel free to interrupt me if you have questions.	如果有任何問題，都歡迎馬上提問。
● There will be time for questions at the end of the presentation.	在本次簡報結束之後，會保留時間讓大家提問。
● I'd be grateful if you could ask your questions after the presentation.	歡迎大家在簡報後提出問題。

2. The main body of the presentation
在主體段當中可以用的詞彙

主體段是簡報最重要的部分，在這裡你必須提出各種佐證，加強觀眾對你簡報主題的信服程度。

● This, of course, will help you (to achieve the 20% increase).	這一定可以讓你達成（20%以上的成長率）。
● As you remember, we are concerned with...	就像我剛提到的，我們對於……有點擔憂。
● This ties in with my original statement...	這和我們主題可以相互呼應。
● This relates directly to the question I put to you before...	這和我剛提及的問題可以相互呼應。

3. Keeping your audience with you
轉折主題時可以這樣說

當上一個主題說完，進入下一個主題前，你可以用一些轉折語，引導觀眾跟著你繼續走下去。

● That's all I have to say about...	關於……的部分就說到這邊。
● I'd now like to move on to...	接下來我們來談……
● I'd like to turn to...	接下來我將要談的是……
● Now I'd like to look at...	現在，我想來看看……

● This leads me to my next point...	這把我們帶到下一個主題……
● I'd like to move on to another part of the presentation...	接下來，我要進入簡報的下一個部分……
● For instance...	舉例來說……
● In addition...	此外……
● Moreover...	進一步來說……

138

4. The other side of the argument
● 換個角度思考可以這樣說

● On the other hand, we can observe that...	我們從另一個角度觀察……
● The other side of the coin is, however, that...	另一方面來說……
● It would also be interesting to see...	另一面很有趣的是……
● Nevertheless, one should consider the problem from another angle...	我們要考慮事情的另一個角度……

5. Language for using visuals
當你要觀眾將注意力放在投影片上時

讓你的觀眾有足夠的時間去消化你給的視覺訊息，或是給你的觀眾一點時間先看你的投影內容，然後在加以解釋時，你可以善用這類句子替你增色。

● This graph shows you...	可以從這張曲線圖中看出……
● Take a look at this...	看一下這份……
● I'd like you to look at this...	我想要讓大家看一下這份……
● If you look at this, you will see...	看了這個，你會發現……
● This chart illustrates the figures...	這圖表顯示了……的數據。
● As you can see...	你在這可以看到……
● This clearly shows...	這很明顯的顯示出……
● From this, we can understand how / why...	我們可以從這邊清楚的了解如何／為什麼……
● This area of the chart is interesting...	圖表的這個部分……
● Here are some facts and figures.	這裡有一些事實與數據。

● The pie chart is divided into several parts.	這個圓餅圖被分為幾個部分。
● The numbers here have increased or gone up.	這些數據是成長的走勢。
● The numbers change and go down (decrease).	這些數據是負成長的走勢。
● The numbers have remained stable.	這些數據是持平的。

6.● Summarising
陳述大綱大意

在簡報接近尾聲時，再次提醒你的觀眾你想傳遞的訊息。

● That brings me to the end of my presentation. I've talked about...	我的簡報就到這邊結束，我前面談過……
● Well, that's about it for now. We've covered...	我的簡報就到這邊了。我再重述一次剛才說過的……
● I would like to close by saying.	我想說簡報到此結束了。
● So, that was our marketing strategy. In brief, we...	這就是我們公司的行銷策略。簡而言之，……

● To summarise, I...	總而言之……
● To sum up...	總結一下……
● I'd like to sum up the main points... In conclusion...	結論是……
● Let's summarize briefly what we've looked at...	我們簡單針對……做個總結。
● I'd like to recap...	我再扼要重述一次……

比較正式複雜的話可以這樣說：簡報中如果有較複雜的狀況，可以用這類句子來跟觀眾解釋清楚。

● Finally we have to accept that...	最後我們只好接受……
● I'm going to conclude by saying that... / inviting you to / quoting...	我最後總結一下……
● In conclusion, let me leave you with this thought... / invite you to...	最後，讓我留給你這個想法……／邀請你……
● The arguments we have presented ...suggest that... / prove that... / would indicate that...	在這些議題當中，我要表達的是……

●From these arguments one must / could / might...conclude that...	這些議題……可能／可以／必須……
●All of this points to the conclusion that...	所有的一切，都指向這樣的結論……
●What conclusions can be drawn from all this？	從這些當中，可以得出什麼樣的結論？
●The most satisfactory conclusion that we can come to is...	最好的解決方案是……

7. Based on the above statement
●綜合以上説法

每個副段需要做小結時，或是在整個簡報結束前，可以用這類句子將前述內容做一個總結。

●The fact of the matter is surely / simply that...	這事實將呈現……
●On balance, we can safely say that...	綜合來説……
●If we consider all the facts, it seems more accurate to say that...	考慮所有事實之後……

142

● If one weighs up the pros and the cons of the case, one soon realises that...	綜和所有優點缺點……
● In the final analysis...	最終的分析是……

8. Relate the end of your presentation to your opening statement 將簡報的結語呼應到開頭

為了讓觀眾更清楚貫穿整個簡報的內容，可以在簡報的結尾處，再次將一開頭所說的主題再說明一次。

● So I hope that you're a little clearer on how we can achieve sales growth of 20%.	希望你對於我們達成銷售成長20% 的方式有更清楚的了解了。
● To return to the original question, we can achieve...	回到最一開始所說的，我們可以達成……
● So just to round the talk off, I want to go back to the beginning when I asked you...	為了讓本次簡報更完整，我們再次回到一開始我提出的那個問題上……
● I hope that my presentation today will help you with what I said at the beginning...	我希望我今天的簡報可以讓你更清楚的了解我一開始所說的……

9. Handling questions
問與答

　　為了加強雙向溝通，不妨在簡報過程中或結束後開放觀眾提問，讓他們更能釐清你所說的內容。

● There will be a Q&A session after the presentation.	我們在簡報結束後會開放提問。
● Please feel free to interrupt me if you have any questions.	如果你有任何問題都歡迎馬上提出。
● I will be happy to answer your questions at any time during the presentation.	在簡報的過程中，任何時間都歡迎提出問題。
● Thank you for listening and now if there are any questions, I would be pleased to answer them.	謝謝你的聽講，如有任何問題歡迎現在提出。
● That brings me to the end of my presentation. Thank you for your attention. I'd be glad to answer any questions you might have.	我的簡報就到這邊，謝謝你的耐心聽講。如果對於今天簡報有任何問題都歡迎現在提出。

144

　　重述一次問題是個很好的方式，既可以幫你再次確認你答題的方向沒錯，也可以給自己一些思考緩衝時間。除此之外，還能讓其他觀眾知道問題是什麼。

● Thank you. So you would like further clarification on our strategy？	謝謝！所以你想要我更清楚的說明我們的策略對嗎？
● That's an interesting question. How are we going to get voluntary redundancy？	這是個有趣的問題，是關於我們如何實施提早退休計畫的，對嗎？
● Thank you for asking. What is our plan for next year？	謝謝你的提問！有關我們明年的計畫對嗎？

145

　　當你回答完問題後，請確保提問者有得到他想要的答案。

● Does this answer your question？	我有回答到你想知道的部分了嗎？
● Do you follow what I am saying？	你了解我想說的了嗎？
● I hope this was what you wanted to hear!	希望這就是你想知道的答案！
● I hope this explains the situation for you.	希望這有解答了你的問題。

如果你不知道問題的答案，那就直說吧！承認你不知道，總比回答錯誤的答案還好。你的回答方式可以像這樣：

● That's an interesting question. I don't actually know off the top of my head, but I'll try to get back to you later with an answer.	這是個有趣的問題，我一時想不起來該怎麼說，讓我想想再回答你！
● I'm afraid I'm unable to answer that at the moment. Perhaps I can get back to you later.	恐怕我現在還沒辦法給你答案，或許我晚點可以給你答案。
● Good question. I really don't know! What do you think？	好問題！我還真的不知道，你覺得呢？
● That's a very good question. However, we don't have any figures on that, so I can't give you an accurate answer.	這是個好問題。但我現在其實沒有確切數據可以佐證，所以沒辦法給你一個精確的答案。
● Unfortunately, I'm not the best person to answer that.	其實，這個問題不該由我來回答。

10. When you lose your audience
如果觀眾不了解你的意思

如果你的觀眾不了解你的意思，或許你可以試著換句話說，讓他們用另一個角度去理解。

● Let me just say that in another way.	讓我換種說法。
● Perhaps I can rephrase that.	也許我可以換一種說法。
● Put another way, this means...	換句話說，這意味著……
● What I mean to say is...	我的意思是說……

演講的靈魂，就在轉折詞裡

當你在演講時，是否曾遇過這樣的狀況：

奇怪，我的想法無法用句子連接在一起！

咦，我的想法怎麼連貫不起來？

完蛋了，我失去了邏輯……

其實，關鍵就在轉折詞中！轉折詞有如潤滑劑一般，可以連接出句子和段落間的起承轉合，讓你的簡報產生連貫性而更為流暢，幫

助觀眾在第一時間內抓到重點。最好根據上下句之間的邏輯關係，找出最恰當的轉折詞，但我們往往就是and、but幾個換來換去，不妨學學以下超好用轉折詞，讓你的簡報充滿靈魂。

1. 除了用and，還有什麼相同的說法呢？

Likewise...

Similarly...

This is just like...

In a similar way...

We see the same thing if we consider...

148

2. 除了But或while，還有什麼可以說相反的意見？

However...

Conversely...

On the contrary...

On the other side...

On the other hand...

If we flip that around...

Yet, we cannot ignore...

The opposing argument...

If we examine the opposite side, we see...

Either...or....

Even thought

Nither...nor

3. 要怎麼加強解釋自己的想法呢？

Also...

Moreover...

In addition...

Furthermore...

In other words...

Not only that, but...

Besides,

Considering,

Another thought,

4. 要展示銷售商品時

Now that we've covered the theory, let's see it in action...

To reinforce what we've learned, let's see a demonstration...

I've prepared a demonstration to show how this works.

Let's see a demonstration which applies what we've learned.

5. 講數字、講比例時可以怎麼說？

First... (The first step is...)

Second... (The second step is...)

Third... (The third step is...)

Last... (The last step is...)

6. 要講前因後果時

Therefore...

As a result...

Consequently...

For that reason...

This is important because...

Finally...

At the end of the day...

7. 要舉例時

For instance...

For example...

As an example...

To illustrate this...

What's an example of this?

But does this happen in real life? Yes...

151

8. 要把舞台給下一位講者時

To talk about our next topic, we have X...

I'll pass the microphone to X who will describe...

To guide us through a demonstration of this, we have X...

9. 要引用別人的話時

X said: ...

In 1968, X said: ...

This idea was expressed clearly by X who said...

 **Lesson 12**

17句不該出現在簡報場合的話你要趕快戒掉！

有些句子，最好不要在謹慎而正式的簡報場合脫口而出。戒掉壞英文，讓你的英語簡報更上層樓。

　　想像你有一個超級棒的主題，台下的觀眾將會從你身上帶回很多有用的新資訊，也會記得你這位超棒的講者，這場演講將會改變他們的人生。但是在英文演講當中，以下這些句子會讓你當場遜掉，為了要說世界的語言，圓自己的夢想，這些英文句子絕對要避免在簡報中出現。

1. I 或是 me（我……）

不要一直說「我認為……」或是「我覺得……」。非英語母語講者只要一緊張就會蹦出I。但演講的重點是內容與觀眾想要聽什麼？是要讓觀眾有參與感。所以不如把每一個I或me變成you、we或us，我們要專注在觀眾的感覺上，而非講者本身。

2. A little bit 或是 Just（一點點）

這個「一點點」，會讓演講變得不那麼出色。倒不如直接把Let's talk a little bit about the...改成Let's discuss the...（我們今天要講的主題是關於……）。

3. So...（所以）

當我們要用英文進行說明的時候，so真的會一不小心就脫口而出。so其實是用來解釋之前提過的想法，比較適合用在做結論時，所以是不能夠在做介紹時（introduction）出現的。

4. Talk about...（我要説的是……）

這其實是最簡單的英文，但會讓人感覺我們程度不佳。比較好的說法是：I would like to present a brief...，或是What I would like to speak to you about...。

5. My topic is...（我的主題是……）

你如果想要一開始就吸引你的觀眾注意，絕對不能用無聊的方式做開場。要耍點小花樣，用有點驚喜感的方式。你可以問問題跟觀眾互動、提出讓人驚訝的數據、用令人不敢相信的圖像來表示，或是用生動的語言來形容。

6. I've been asked to speak about...（我被要求來談……）

講出這一句，觀眾會覺得講者對自己的要講的事情並沒有熱情。

7. Sorry if 或 Sorry for（我很抱歉……）

不管你在台上怎麼樣，都不需要道歉，因為你要保持講者的高度。

8. I'd like to start out with a story.（我要用一個故事來做開頭）

故事是最好開始的方式，要講故事直接講，不需要告訴觀眾你接下來的每一個步驟。

9. There's a funny joke...（這是個有趣的笑話）

萬一觀眾覺得你的笑話不好笑呢？記住，你不是上台講笑話，你要展現出幽默不需要得到觀眾的認同，也不需要事先報告。

10. Excuse me if I seem nervous.（抱歉我很緊張）

每一個講者站上台都會緊張，所以事前練習非常重要。因為做簡報是謹慎的場合，即使緊張也不能讓觀眾感受到。

11. I'm not good at public speaking.（我不擅長公開演講）

那你回家吧！中文有時會過度謙虛，在英文的場合裡，這樣就太矯情囉！

12. I'm not a speaker.（我不是講者）

那你來幹嘛的？其實中國人謙虛是種美德，在英語演講中我們需要看見的是有自信的講者。

13. I've never done this before.（我從來沒有這樣做過。）

觀眾不需要知道你太多的過去，你只有一次機會能夠讓觀眾印象深刻，即使觀眾知道你沒有做過也不會同情你。

14. The next slide shows...（下一張投影片要說的是……）

你要強調的是投影片裡面的數據或是圖片，不是投影片本身。

15. I didn't have enough time...（我沒有足夠的時間）或是I'm running out of time, so I'll go through this quickly.（我的時間不多了，所以我會很快講過這段。）

上台之前是反覆的練習又練習，你的時間掌控很重要。如果沒有時間講完全部，也不需要點出來，下次改進即可。

16. As I said before（正如我以前說過）或是As I already mentioned（正如我已經說過）或是like I previously stated（就像我前面提到的）

除非聽者是你的員工，否則這幾句話容易讓人感覺權威。

17. That's all I have.（我說完了）或是That's it（就這樣，沒了）

做簡報不是閒聊！這些句子聽起來很沒自信或是無可奈何，都不是留下好印象的說法。

 **Lesson 13**

10大技巧
進化簡報力
15分鐘
成功打動人心

有邏輯，有焦點，有故事，又有梗！學會這些英語簡報技巧，讓你第一時間傳達想法，15分鐘打動人心。

　　一場成功的簡報，亮麗展現你辛勤的工作成果，是你最佳的廣告；一場失敗的簡報，雜亂的資訊、含糊的表達、粗糙的投影片，即使你想要講的內容很棒，都會讓結果大打折扣。

了解了英語簡報架構、準備流程及合適的用語後，如何讓你的簡報更上層樓？規畫細節做好準備工作，重視時間的安排與整場的起承轉合，再加上你的肢體語言與態度禮儀的拿捏，一流的內容加上一流的包裝，自然讓你成功達陣。

1. Think About the Details in Advance 事先考慮好細節

做一場簡報從來就不是什麼易事！如果事先規畫好所有細節，可以幫助減低你的緊張感。從地點、設備、題材、時間掌控，到你的服裝儀容，都是應該要事先掌握好的細節。

160

2. Do Your Research 做好準備工作

有效的準備工作需要多方的思量，請特別注意以下事情：

❗ 引用好的句子會替你的簡報增色！將學者或偉人說過的話引述到你的簡報中，不只可以讓你的論點立場更穩固，更可以顯現出你是有經過思考、且有做過功課的。但請記得要慎選你的引文，才能真正的幫助到你！

❗ 網路上的資料百百種，卻不是個個都正確，應該要確保你的資料來源是可以信賴的，沒有什麼比錯誤的訊息更有殺傷力！

❗ 問問你自己這場簡報是什麼？題目會是什麼？想要達成什麼目的？

❗ 把你的觀眾對象考慮進去。

❗ 想清楚你想傳遞什麼樣的訊息。

❗ 規畫好你的簡報架構：開場、主體段、結論。

❗ 讓你的簡報簡單明瞭：用淺顯易懂的語言。

❗ 想想觀眾可能會提問什麼樣的問題，並準備好你的答案。

❗ 通常簡報時間不會超過15分鐘，因此，你做的投影片最好不要超過20頁。

❗ 簡報的字體大小也要特別注意，太小的字會讓位置離你比較遠的觀眾看不清楚。

❗ 不要在你的簡報裡面放一大堆字，永遠不會有人仔細看完所有內容！以影像或圖像呈現會是比較吸引人的方式，但太多或許也會造成反效果，請慎重思考。

3. ntroduce Yourself and Set the Theme
開場時先自我介紹，再報告主題

在你開始做簡報的時候，一定要記得先自我介紹。告訴聽者你的名字、職位、你所代表的公司，有些人也會把他們的聯絡資訊放到投影片的第一頁上，以便觀眾在簡報結束後可以和你聯繫。自我介紹後，別忘了也要說明你此次的簡報主題。

4. Provide an Outline of Your Presentation
提供簡報的綱要

一開始一定要先告訴觀眾你的簡報綱要，你要給他們一個留下來繼續聽你做簡報的理由，你的開頭綱要一定要是正向、有趣並且好記的。

162

5. Explain When the Listeners Can Ask Questions
先告訴觀眾「問與答」的時間安排

通常「問與答」時間會安排在簡報結束之後，這樣的安排可以避免你在做簡報時一直被中斷，也比較可以好好掌控你的簡報時間和進度。但如果你不介意觀眾們隨時提出問題，那也直接告訴他們。

6. Make a Clear Transition in Between the Parts of the Presentation 段落間的轉換要明確

轉折語是橋樑，在每一個重點之間做銜接，使用轉折語可以讓你的簡報結構更清楚、流暢。

7. Be sure to have inflection in your voice 讓聲音更有感染力

一個好的講者，應該要能夠吸引觀眾把注意力都放在你身上，絕對不能讓他們睡著。有聲有色的演繹你的簡報吧！讓他們覺得這次的簡報是世界上最好玩的事情，而不是在浪費時間。

163

聲調的高低起伏是電台DJ必備的技能，它能讓你在只有聽到聲音的狀況之下，也能夠清楚感受到你的情緒。而在簡報中，你的聲音起伏會讓你更有感染力、更吸引觀眾的注意力！

8. Make Your Data Meaningful 不要丟一大堆數字出來，做張圖表吧！

如果你要在簡報當中做數字的分析，或是複雜的計算公式流程，讓圖表來幫助你！不論是曲線圖、長條圖、圓餅圖或是表格等等方

式，都可以讓你要呈現的大量數據資料更有組織也更易懂。

　　但千萬要記得，要分清楚這些圖表的用法：圓餅圖通常用來呈現整體的比例，曲線圖是用來表示趨勢，而長條圖或是柱狀圖對「量的多寡」進行比較時可以使用。選擇正確的表現方式，才能讓觀眾了解你要呈現的資訊。

9. Summarize
讓你的總結更好

　　在簡報的最後，簡短的做個總結，並提供你的觀眾一些建議，鼓勵他們針對此次的簡報付出實質的行動。也別忘記要謝謝觀眾的聽講，然後邀請他們提問。

- ! 你可能有聽過有些簡報會用um... yeah 這種不專業的詞彙做結尾，但你的總結就是你留給你觀眾最後的印象，你不會想要在付出這麼多努力後，最後就這樣搞砸了吧！
- ! 做結尾時，可以引用一些有利的數據論證結果。
- ! 分享一個你自身與主題相關的故事，或是一則名人軼事，也是個不錯的方式。
- ! 向觀眾丟出一個問題，也是個很好的選擇。提問可以讓你的

觀眾再次思考簡報的內容，想想看在做完簡報後，你是不是有想要把你的觀眾帶到什麼結果上？

10. Practicing proper presentation etiquette
簡報禮儀

如何讓觀眾留下深刻印象？贏得他們的共鳴與認同？簡報禮儀也是個不可或缺的元素。

Wow Your Audience 讓你的觀眾驚豔

如果你對於你要簡報的內容沒有興趣，那你的觀眾也不會有什麼火花。可以試著加些修飾語讓你的簡報更加生動，這樣一來，不只可以加強你的說話力度，更能讓大家記得你說過什麼。

165

範例

The product I present is extraordinary. 這個產品超棒！

It's a really cool device. 這個裝備很酷！

This video is awesome. 這支影片太棒了！

This is an outstanding example. 這是一個很出色的案例！

Smile at your audience 保持微笑

當你站在台上時保持微笑，笑容可以拉近彼此間的距離，已經有無數個研究告訴我們，笑容確實是有感染力的！你的笑容可以帶動整場的正向氛圍，對你的簡報進行絕對是有助益的。即使你太緊張了笑不出來，還是可以試著讓自己看起來愉快而有自信，或許在你的「假笑」帶動整場情緒後，你也會被影響，發自內心的笑了。

Maintaining Eye Contact 眼神的交流

講者如果在台上只顧著看字卡或盯著地板看，是無法吸引到任何注意的。至少要和每一個觀眾都有過一次眼神交流，不要讓任何人覺得置身事外。

Avoid using Slang in English 避免使用俚語

簡報是正式場合，使用俚語甚至使用錯誤的俚語，會讓你顯得不夠專業。所以，俚語留給日常生活就好，簡報中請使用正規的英語。

Emotions in Presentations 注入你的情感

多數人在做簡報時，會想用嚴肅的態度建立起威信，但更好的方式，其實是讓你自己看起來專業卻有熱忱。科學家曾經用神經成像（Neuroimaging）觀察過人腦，研究發現，由情緒激發起的信賴感，會遠比用數據說服的要高過很多。用你的態度加上萬全的準備，讓你的簡報萬無一失。

 **Lesson 14**

把握
5大演說類型
不再臨陣怯場

167

學 會5大演說類型,魅力滿分!想要傳遞新知?還是說服他人
改變?不同的演說目的,你必須因類制宜,任何溝通場合都
不會再怯場。

學習編寫電腦程式有什麼重要性?學校教育會扼殺我們的創意
嗎?失敗經驗對人生能帶來什麼好處?我們如何在生活中運用防水

技術？快樂可以激發工作生產力？如果這些是你的演說議題，你會用什麼形式來呈現？

　　以下5個題目，代表了5種不同類型的演說型態，當你要傳遞新知、說服觀眾改變行為、表達內心的祝福、說明某樣物品如何運作，或是要帶給大家娛樂，因為目的不同，自然應該有不同的出發點與表現形式，甚至你使用的語言、肢體動作、簡報，都要因類制宜，才能將你的議題以正確的方式讓觀眾理解。

　　此外，在你根據DISC性格測驗找出你的人格特性後，也可以對應到自己最適合的演講類型（詳見P.121），這是你最可以發揮的類型；而其他類型，你也能知道該如何補強，讓自己逐漸朝全方位邁進。

1 知識性演說 Informative Speech

目的 為了傳遞給聽者特定主題的資訊或新知

特色 傳遞知識性訊息

舉例 科學研究發表、即時氣象報告、歷史事件講述、發布銷售成績

英文的Inform就是「告知」。這種演說主要是讓講者做「告知」的動作，目的不是要「說服」觀眾。知識性的演說在演講結尾時不會有要指使觀眾應該要怎麼做的行為。大部分演講者會大量的分析資料、講事實、呈現非常扎實的數字，或是要解釋某種程序上的分解動作。這種演講都在強調自己的專業性。

TED範例

講師 **Mitch Resnick**
米切爾‧瑞斯尼克

課程 **Let's teach kids to code**
教孩子編寫電腦程式

▶ 演說影音

Before making my own Mother's Day card, I thought I would take a look at the Scratch website. So over the last several years, kids around the world ages 8 and up, have shared their projects, and I thought, I wonder if, of those three million projects, whether（數字）anyone else has thought to put up Mother's Day cards. So in the search box I typed in "Mother's Day," and I was surprised and delighted to see a list of dozens and dozens of Mother's Day cards（數字）that showed up on the Scratch website, many of them just in the past 24 hours（數字）by procrastinators just like myself. So I started taking a look at them. (Music) I saw one of them that featured a kitten and her mom and wishing her mom a happy Mother's Day. And the creator very considerately offered a replay for her mom. Another one was an interactive project where, when you moved the mouse over the letters of "Happy Mom Day," it reveals a special happy Mother's Day slogan.(Music) In this one, the creator told a narrative about how she had Googled to find out when Mother's Day was happening. (Typing) And then once she found out when Mother's Day was happening, she delivered a special Mother's Day greeting of how much she loved her mom.

people are starting to recognize the importance of learning to code.（第一句話就是告知與事實）You know, in recent years, there have been hundreds of new organizations and websites（數字）that are helping young people learn to code. You look online, you'll see places like Codecademy and events like CoderDojo and

171

sites like Girls Who Code, or Black Girls Code. It seems that everybody is getting into the act. You know, just at the beginning of this year, at the turn of the new year, New York City Mayor Michael Bloomberg made a New Year's resolution that he was going to learn to code in 2012. A few months later, the country of Estonia decided that all of its first graders should learn to code. And that triggered a debate in the U.K.about whether all the children there should learn to code.（強調自己對這領域的專業性）

What's More?

Informative Speech Topics 知識性演說相關主題
分為以下幾個類型，還有一些相關可以發揮的題目：

History and Personalities 歷史及傳記類
● Great Leaders in History 歷史上偉大的領導者
● Sir Isaac Newton Biography 牛頓傳記
● Life and childhood of Pablo Picasso 畢卡索的一生

Computers/Internet 電腦與網際網路
● Internet Banking Security 網路銀行交易安全

- Safe Online Shopping Tips 安全網路購物的小技巧
- Top Social Networking Sites 受歡迎的社群網站

Home and Family 家庭

- How to Prevent Stress 如何抗壓
- Peer Pressure Situations 同儕壓力
- Causes of Teenage Suicide 青少年自殺的原因

Finance 財金

- Hobbies That Make Money 能賺錢的興趣
- How to Promote Your Business? 怎麼宣傳你的生意？
- Long Term Financial Planning 長期的財務規畫

Science 科學

- All About Tsunamis 海嘯知多少
- Black Holes in Space 太空中的黑洞
- Human Cloning Benefits 人類基因複製的好處

173

Health and Fitness 健康與健身

- Zika Virus 茲卡病毒
- Why Should you Quit Smoking 為什麼要戒菸
- Allergic Reaction to Antibiotics 過敏的反應與抗體

Offbeat Informative Speech Topics 其他知識性演說

- Materialism in Society 唯物主義
- How to Find a Pen Pal? 怎麼交筆友？
- Exploring Reincarnation 探索輪迴

2 說服性演說 Persuasive Speech

目的 說服聽眾改變他們的信仰、感受或行為

特色 使人對講者印象深刻

舉例 選舉造勢演說、宗教布道、新產品發表展售會、有爭議性的議題

如果你被邀請講一個說服性的演說，那大大恭喜你，因為表示你的能力已經被肯定可以說服別人了。

大部分的觀眾在一開始大腦還處於否認期階段，要藉由你的簡報說服觀眾站在你的角度思考，或是希望他們跟你的想法是一致的。首先，你要發揮你最大的魅力與吸引力，去創造最大的影響力；再來，你要強調你的立場與其他一般人的不同，把觀眾的想法導向認同你。把你的專業與個人魅力極大化吧！

TED 範例

講師 Ken Robinson
肯・羅賓森

課程 Do schools kill creativity?
學校扼殺了創意嗎？

▶ 演説影音

I have an interest in education.（訊息清楚、到位）Actually, what I find is everybody has an interest in education. Don't you？ I find this very interesting. If you're at a dinner party,（個人例子或經驗）and you say you work in education — Actually, you're not often at dinner parties, frankly.（結尾幽默讓大家哈哈大笑）

重點 Pointers

1 傳遞訊息時要清楚、到位

2 透澈了解你要演述資訊的前因後果

3 用一些例子或個人的經驗來吸引觀眾的注意

4 結尾要足夠讓人印象深刻

問問自己 Question Yourself

一旦你訂好題目，你得先問問你自己：

1 這個題目邏輯對嗎？

2 我會被說服嗎？

3 這有辦法說服別人嗎？

4 觀眾可以了解我的核心價值並同意嗎？

5 我對這個主題夠中立嗎？

6 我有澈底了解我要說的內容了嗎？

What's More?

Persuasive Speech Topics 說服性演說主題
以下是可以發揮的題目：

● The need for recycling 資源回收的必要
● The need for gun control 槍枝控管的必要
● Global Warming—What we can do about it

全球暖化，我們該做些什麼

- Why we should wear seat belts in cars 為什麼我們該繫安全帶
- The dangers of gambling 賭博的危險性
- Gay marriage 同志婚姻
- Avoiding junk food 不要吃垃圾食物
- Three easy ways to improve your time management
  改善你的時間管理的3個簡單方式
- What you should wear for your next date/ job interview
  約會／面試時你該穿什麼

3 特殊場合及具紀念性的演説
Special Occasion Speech

目的 表達祝福、感謝、期許等情感

特色 以人為出發點

舉例 畢業生致詞、911週年演説、喪禮致詞

　　這個類型的演說，幾乎是我們每個人都會有機會遇到的，舉例來說，畢業生致詞、喪禮致詞等，旨在表達祝福、感謝、期許等情感。

TED 範例

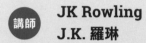

講師 **JK Rowling**
J.K. 羅琳

課程 **The fringe benefits of failure**
失敗帶來的紅利

▶ 演說影音

The first thing I would like to say is "thank you." (感謝) Not only has Harvard given me an extraordinary honour, (感謝) but the weeks of fear and nausea I have endured at the thought of giving this commencement address have made me lose weight. A win-win situation! Now all I have to do is take deep breaths, (情感動作) squint at the red banners and convince myself (期許) that I am at the world's largest Gryffindor reunion.

4 展示型演說 Demonstrative Speech

目的 說明解釋定理或物品的運作

特色 以產品為出發點

舉例 儀器使用指導、化妝教學、教學研習示範

這類型的演說主要是用英文的How來延伸的主題，用來說明解釋定理或物品的運作，大部分都會搭配投影簡報來進行，通常這類型主題的演說都是工作需求。

How to Make... 怎麼做？

How to Repair... 怎麼修？

How to Benefit From... 怎麼從……得到好處？

How to Be... 怎麼成為……？

How to Respond... 怎麼做回應？

How to Handle... 怎麼處理？

TED 範例

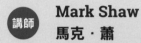 **Mark Shaw**
馬克・蕭

One very dry demo
一項乾燥技術的展示

 演說影音

I'm here to show you how（聽到了嗎？第一句就點出 How，這是展示型演說的最關鍵字）something you can't see can be so much fun to look at. You're about to experience a new, available and exciting technology that's going to make us rethink how we waterproof our lives.

What's More?

Demonstration Speech Topics 展示型演說相關主題

分為以下幾個類型，還有一些相關可以發揮的題目：

Think Green Demonstration Speech Topics 環保議題

- Save electricity and save money 省電節流
- Buying a fuel-efficient car 買節能車
- Recycle at home 居家資源回收

Health and Grooming 健康保健與儀容

- Read and understand nutrition labels 讀懂保健食品標籤
- Give a baby a bath 幫嬰兒洗澡
- Wash clothing properly 正確的衣服洗滌方式

Economize 經濟

- Make your own wedding dress 自製婚紗
- Find the best health insurance 找到最好的健康保險
- Start Green Commuting 節能通勤

5 娛樂性演說 Entertaining Speech

目的 以幽默或戲劇化的語調來娛樂聽眾

特色 以觀眾的感覺為出發點

舉例 脫口秀、相聲、演唱會開場

這類型的演說是用來娛樂你的觀眾的。通常我們會在一些特殊場合發表，舉例來說，婚禮致詞、得獎演說等，都有可能會發表娛樂型演說，所以有時候此類型的演說會和特殊場合及具紀念性的演說類型互相重疊。

但要特別注意的是，這裡所指的「娛樂」（Entertaining），其實不只是幽默好笑而已，主要的目的還是讓觀眾的情緒隨著演說而起舞。

TED 範例

講師 **Julia Sweeney**
朱莉亞・斯威尼

課程 **It's time for "The Talk"**
與8歲女兒的對話

▶ 演説影音

183

I have a daughter, Mulan. And when she was eight, last year, she was doing a report for school or she had some homework about frogs. And we were at this restaurant, and she said, "So, basically, frogs lay eggs and the eggs turn into tadpoles, and tadpoles turn into frogs." (Laughter)

And I said, "Yeah. You know, I'm not really up on my frog reproduction that much. It's the females, I think, that lay the eggs, and then the males fertilize them. And then they become tadpoles and frogs."

And she goes, "And what's this fertilizing？"

So I kind of said, "Oh, it's this extra ingredient, you know, that you need to create a new frog from the mom and dad frog." (Laughter)

And she said, "Oh, so is that true for humans too？"

And I thought, "Okay, here we go." I didn't know it would happen so quick, at eight. I was trying to remember all the guidebooks, and all I could remember was, "Only answer the question they're asking. Don't give any more information." (Laughter) So I said, "Yes." (Laughter)

And she said, "And where do, um, where do human women, like, where do women lay their eggs？" (Laughter)

And I said, "Well, funny you should ask. (Laughter) We have evolved to have our own pond. We have our very own pond inside our bodies. And we lay our eggs there, we don't have to worry about other eggs or anything like that. It's our own pond. And that's how it happens." (Laughter)

And she goes, "Then how do they get fertilized?" (Laughter)

And I said, "Well, Men, through their penis, they fertilize the eggs by the sperm coming out. And you go through the woman's vagina."

185

And so we're just eating, and her jaw just drops, and she goes, "Mom! Like, where you go to the bathroom?" (Laughter)

And I said, "I know. I know." (Laughter) That's how we evolved. It does seem odd. It is a little bit like having a waste treatment plant right next to an amusement park... Bad zoning, but..." (Laughter)

She's like, "What?" And she goes, "But Mom, but men and women can't ever see each other naked, Mom. So how could that ever happen？" (Laughter)

And then I go, "Well," and then I put my Margaret Mead hat on. "Human males and females develop a special bond, and when they're much older, much, much older than you, and they have a very special feeling, then they can be naked together." (Laughter)

So we're driving home and she's looking out the window, and she goes, "Mom. What if two just people saw each other on the street, like a man and a woman, they just started doing it. Would that ever happen？"

And I said, "Oh, no. Humans are so private. Oh…" (Laughter)

186

這段演講把不該笑的議題，講得讓觀眾哈哈大笑，這就是功力！

　　華人父母講到性總是非常害羞，所以如何回答小孩的性問題，確實是父母的一大挑戰。其實這不算是一個娛樂性的演講，但講者想要呈現輕鬆的態度，先肯定孩子願意提問的好奇心，不要害羞臉紅，並抱持平常心坦然作答，也提醒自己以尊重幽默的態度回應。整段演講觀眾笑的頻率都跟第一段一樣，非常的緊湊，充分展示出演講的幽默。

187

What's More?

Fun Speech topics 有趣的演說主題
分為以下幾個類型，還有一些相關可以發揮的題目：

● My worst embarrassing experience 我有過最尷尬的經歷
● The top 3 strangest hobbies 我的3個怪癖
● How to successfully fail your exams 怎麼搞砸你的考試
● How to tell if a tomato is shy 我們怎麼知道番茄是不是在害羞
● Teach your pet to talk 教會你的寵物說話

Part 4

加強細節，
成為魅力
簡報家

Details in
Perfect
Presentation

講者在問答環節中的表現，會使觀眾對簡報的看法產生重大的影響。如果希望自己的簡報能順利圈粉觀眾，那麼你需要具備可以解決在問答環節中提出的所有問題的能力。

Lesson 15

每個階段的
實用例句！
讓簡報的起承轉合
更完整

1. 開頭

在每個演講的開頭，你都應該先歡迎你的觀眾。面對你即將要建立聯繫的人，你應該或多或少表示正式的歡迎。

早安／午安／晚安／大家好。

我代表「（XX公司）」熱烈歡迎你。

嗨，大家好。歡迎來到「（活動名稱）」。

Let me briefly introduce myself. My name is "John Miller" and I am delighted to be here today to talk to you about...

First, let me introduce myself. My name is "John Miller" and I am the "Position" of "Company X".

I'm "John" from "Company Y" and today I'd like to talk to you about...

2. 自我介紹

歡迎辭的正式程度也適用於你的自我介紹，可以根據不同的觀眾做客製化的調整。

讓我簡單介紹一下自己。

Today I am here to talk to you about...

What I am going to talk about today is...

I would like to take this opportunity to talk to you about...

I am delighted to be here today to tell you about...

I want to make you a short presentation about...

I'd like to give you a brief breakdown of...

3. 專題介紹

在歡迎辭和演講者介紹之後，是演講專題的介紹。利用下列有用的介紹性短語。

The purpose of this presentation is...

My objective today is...

4. 主要目標

建議你一開始就介紹演講的目標，這有助於讓觀眾了解你的目標。

本演講的目的是……

我今天的目標是……

My talk/presentation is divided into "x" parts.

I'll start with.../First, I will talk about.../I'll begin with...

...then I will look at...

...next...

and finally...

5. 演講結構

介紹完主題和目標後，向觀眾介紹演講的結構。這樣，你的觀眾就會知道他們可以期待將會得到什麼。

我的演講／陳述分為 n 部分。

我將從……開始／首先，我將談論……／從……開始

……那我來看看……

……下一個……

最後……

Let me start with some general information on...

Let me begin by explaining why/how...

I'd like to give you some background information about...

Before I start, does anyone know...

As you are all aware...

I think everybody has heard about..., but hardly anyone knows a lot about it.

6. 進入正題

完成所有準備工作之後，你終於可以開始演講的主要部分。以下

短語將幫助你。

讓我從一些有關⋯⋯的部分開始。

讓我首先解釋原因／方式⋯⋯

我想給你一些關於⋯⋯的背景

在我開始之前，有人知道嗎？

大家都知道⋯⋯

我想每個人都聽說過⋯⋯，但是幾乎沒人知道。

That's all I have to say about...

We've looked at...

So much for...

194

7. 適當的小結一下

如果你已經完成了簡報的一個段落，請告知你的觀眾，以免他們迷失方向。

這就是我要說的⋯⋯

我們看過⋯⋯

這麼多⋯⋯

讓我們簡要總結一下我們的研究。

這是本節要點的快速回顧。

這些是我想概述的要點。

好吧，這就是這個部分。我們涵蓋了……

To sum up...

Let's summarize briefly what we have looked at.

Here is a quick recap of the main points of this section.

I'd like to recap the main points.

Well, that's about it for this part. We've covered...

8. 轉折

使用以下片語，連結並銜接下一個章節。

這引出我的下一個觀點，即……

現在將我們的注意力轉向……

現在轉向……

I'd now like to move on to the next part...

This leads me to my next point, which is...

Turning our attention now to...

Let's now turn to...

9. 舉例

For example,...

A good example of this is...

As an illustration,...

To give you an example,...

To illustrate this point...

10. 連結下一個重點

如果你想連結到演講中的另一點，以下短語可能會派上用場。

正如我在一開始所說的那樣，……

As I said at the beginning,...

This relates to what I was saying earlier…

Let me go back to what I said earlier about…

This ties in with…

 **Lesson 16**

Q&A 環節
優雅的
處理棘手問題

197

在 簡報過程中如何處理問答環節？

　　在演講問答環節中，總是會遇到觀眾發問令人感到回答困難的題目，這是不可避免的情況。有一些具有一定知識程度的的觀眾，他的任務就是問一些刁鑽的問題，想辦法考倒講者。

　　就我個人的演講經驗而言，我還滿樂意遇到願意挑戰我的觀眾，畢竟，有互動就有火花。在這些困難的問題當中，有些問題因為比較私人而令人尷尬，有些問題則需要複雜的回應，還有一

些觀眾可能還會利用問答的環節來挑戰你，或者表達他們對你觀點的不認同。

我記得有一次演講的主題是關於贊成同性婚姻，但觀眾當中就有人因為宗教的關係堅決反對同性婚姻，於是藉由提問來抒發情緒。

他說：「如果全世界都變同性戀，那人類要怎麼有下一代？」

記住！雖然問題很可笑，但千萬別跟著陷入負面的情緒中，有時候惡劣的問題，是讓講者圈粉的最佳時機。

當時我回答：「到了那種時候，我就全力支持異性戀！」

觀眾就開始大笑！

在問答環節中雖然有些提問令人尷尬，但是講者如何幽默回應也是高智商的展現。當然，大部分的觀眾都是前來認真聽演講的，但講者在問答環節中的表現，也會使觀眾對簡報的看法產生重大的影響。如果希望自己的簡報能順利圈粉觀眾，那麼你需要具備可以解決在問答環節中提出的所有問題的能力。

⚫ 5大技巧幫助你在問答環節中大放異彩

1. 不準備肯定搞砸，
手感好是時時刻刻做好準備的結果

我們有一位學員Eric是上市櫃公司的董事，在外商任職超過30年，他一直對自己的演講功力很自滿，事實上他的英文表達能力也真的超好，只要稍微調整一下就好。

然而他曾經跟公司請假2年回美國陪小孩，兩年後他回任執行長，第一場董事會的簡報主題是公司接下來的營運策略，這場簡報他講的 一塌糊塗，提出了一堆數字跟專業語言，使與會者必須要花比以往多一倍的時間思考，最後大家決定再開一次董事會。

我想要表達的是，英文簡報需要有英文溝通能力加上簡報的架構應用能力。而要將這兩種的能力加在一起成為複合式的技能，需要的是手感！跟烤蛋糕、設計、電腦能力一樣，不是一年前做得很好就能一直很好，長時間閒置著不使用，就算再專業也會鈍掉。

2. 補強的小作弊

在演講之前，可以為可能被詢問的潛在問題列出清單，有了潛在問題的清單後，將清單分為兩種不同的類別：

⚠ 第一種是講者可以在演講中回答的問題。

如果你在問答準備中產生了一些潛在問題，表示你的講稿中存在漏洞。你可以將這些問題的答案編入講稿的結構中，而不是讓這些問題沒有答案。如果你明知道有這些大問題卻沒有預先準備，那就是在找自己麻煩。

你可能因此需要修改整個講稿的結構，才能讓這些新發現的問題融入你的講稿流程，雖然是個麻煩的大工程，但不要因此而阻止你這樣做。如果能好好的進行這些耗費時間的工作，將答案集成到講稿中，你的演講將變得更加強大。

⚠ 第二類則是不想在演講稿中提到，又必須回答的問題。

建議你可以先分類出一個有可能會遇到的「挑戰問題清單」！
雖然我們永遠無法準確預料到在問答環節中所有會出現的尷尬問

題，但是，因為你預先為一些潛在的問題準備了答案，而這樣的行為能夠有效幫助自己回答意料之外的棘手問題，因為你已經做好了心理準備。

當被問到尷尬的問題時，因為預先做好的準備工作，我們會變得較為冷靜，在心理上就能夠克服了意外和潛在的個人問題帶來的衝擊。

3. 不要因為演講主題專業而失去幽默

根據貝爾領導力研究所的一項研究指出，領導者最可取的兩個特徵是強烈的職業道德和良好的幽默感。在舞台上聽取觀眾提問時，請記住幽默的價值，並準備在適當的時候講幾句笑話。

例如，美國前總統比爾·柯林頓（Bill Clinton）曾在訪問中被問到穿什麼樣的內褲，是拳擊短褲（Boxers）或貼身短褲（Briefs）？他當時誠實的回答了這個問題，但事後表示對於自己誠實的回答感到後悔。

很多時候，面對觀眾的提問，不直接面對但幽默的回答可能會比

起認真但無聊的答案還要加分。因此，在問答環節中，不要失去冷靜，也不要責罵提出問題的觀眾。相反的，對此要有幽默感，面對問題時給出幽默的回答，以此來轉移問題，或者透過誠實的回答簡單地笑著微笑，並且不要害怕在回應中取笑自己。

Brandy Reece 寫的書《*Putting the Ha! In Aha! : Humor as a Tool for Effective Communication*》中提到，說服人們的最有效的幽默風格是自嘲的幽默。

我通常會建議，為了保持幽默感，不要太擔心犯錯。

如果犯了一個需要糾正的錯誤，只需重新傳達準確的正確信息，並開個關於錯誤的玩笑，但不要沉迷於此或讓它偏離路線。

如果犯了相對無關緊要的錯誤，像我的演講主題常常跟品牌有關，在演講當中我常把 2018 年跟 2019 年的品牌排行榜搞錯，就開個玩笑或根本不承認。但是，無論選擇如何處理錯誤，都不要讓觀眾因此失望。

根據《時代》雜誌的報導：人們在公開演講中最好的演講不是完美的表現，而是出錯後願意承認自己的錯誤。當然，你也可以故意犯

錯，然後將其納入演講中，當講者採取這種新穎的方式時，觀眾通常能夠接受，並給予好評。

4. 白眼翻在心裡就好，溫暖熱情的回答問題

在問答環節中，切記要散發出溫暖。不要擔心意外的事情會冷卻你與觀眾的聯繫。

我最常處理的學員問題通常是，有些不如預期的觀眾常常讓他在演講之後對產業願景失去信心。但你必須知道，很多觀眾就是因為缺乏台上演講者的專業，才在台下聽演講啊！雖然自己夠專業，但聆聽問題並在回答答案時保持自然的微笑是演講者必備的態度。

此外，社會心理學家艾米‧庫迪（Amy Cuddy）建議使用一種語調來創造人聲溫暖，透過直接了當、沒有假裝或是情感上的裝飾的語調，能讓你與人保持平等的高度。她說：「越來越多的研究表明，影響力和領導的方式始於溫暖。溫暖是影響的渠道：它促進信任以及思想的交流和吸收。」總結了交流時，溫暖的價值有多重要。

如果觀眾提出的問題讓你感到生氣，或是使你無法正常工作，請

花點時間暫停一下，深呼吸並恢復冷靜。不要讓惱人的情緒占據自己，甚至做出憤怒的回應。如果講者的熱情變冷，與觀眾之間建立的任何聯繫也可能會因此冷卻。

5. 拖延戰術

　　如果你遇到一個極度專業的問題，讓你不知道該如何回答時，不需要立即回答出一個不充分的拼湊答案。因為當你給出較弱或不正確的答案，所帶來的後續傷害會更大！

204

！ 列出你的聯繫方式。

　　當你遇到需要進一步研究或考慮才能回答的問題時，請觀眾與你聯繫，以便稍後提供答案。這樣的情況是表達幽默感的絕佳時機，當你因為一個困擾的問題而輕笑時，觀眾會比你更喜歡你的反應，好像你的自我已經完全縮小到跟觀眾一樣。

！ 請助理或是團隊在旁邊把當下回答不了的問題做紀錄。

　　我每次被問到品牌的國際數據，當下回答不了，我都會說：

1 你問的問題好有趣，我們怎麼沒有想過！

2 你很專業耶！我決定把舞台交給你。

3 可以請小編幫我做紀錄嗎？我回家研究一下再給精準一點的答案。

4 請大家把手機拿出幫我查一下！

　　問答環節的事前準備工作是成功發表演講的重要成分之一。由於大多數問答環節都在演講的結尾進行，因此講者在問答環節在這段時間內的表現將對觀眾產生持久的影響。

　　要如何用高調渲染的氣氛來結束問答環節，帶給觀眾最終的積極印象，並獲得熱烈的掌聲？你必須事先想想有可能發生的問答場景，並針對每一種有可能出現的情況制定應對的戰略計畫。為棘手的問題準備得越多，演講就越成功。

205

Lesson 17

失控的演講狀況 8大準則 化解敵對局面

在英文演講當中，到最後講者跟觀眾對立並且有火藥味的狀況，其實都是常態。

　　觀眾都認為自己有權利挑戰講者，但若是講者以牙還牙，最終會得到什麼？玉石俱焚。這樣的反應不見得是正確的決定，但這常常是我們在生活中直覺對抗別人攻擊的方式，也成了我們身為演講者本能的對敵對觀眾作出回應的方式。無論是在禮堂中與參加會議的人交談、和一群同事開會，還是面對單獨的觀眾（有可能是老闆，或是伴侶、孩子），我們通常都會以相等或更大的回擊向對方的言語侵略做出反應。然而，以牙還牙的結果，總是會帶來一波口頭上的災難。

即使是經驗豐富的演講者也很容易陷入這個EQ不太高的陷阱。

我通常都跟客戶說：記住你不是賈伯斯，也不是香奈兒女士，你有專業，但你沒有像這些知名品牌一樣，擁有強大到少數人討厭你，多數人會幫你說話的氣場，所以在台上你只能做70%的自己。

之前有一則新聞是美國前駐華大使及其對示威者的反應，示威者抨擊了他在中美貿易博覽會上發表的談話內容。起初，大使沉穩地回應對方的怒罵，但這位示威者大喊：「你們最好滾回中國！你真是個膽小鬼！」然後那位大使竟在記者會上與示威者吵了起來。

大使的反應當然沒有幫助到他。

我們可以透過思考和訓練來避免這種災難，以應付充滿敵意的激動觀眾。從小到大很少有一堂課是在教如何解決對峙的局面，但這是一種很值得學習的技能。我們也應該要充分掌握在壓力和技巧下可以使用的策略，這些策略和方法有助於我們在正確的時間說正確的話。

在我不得不定期與敵對的觀眾打交道之前，我從沒想過化解對抗。經過多次對抗之後，我開始意識到我原本習慣的回應方式其實並沒有產生任何正面的作用。我決定要改變做法，因此進行了一些研究，

並提出了十個基本準則，用於改變對手的能量並緩解突發狀況。

這些準則很簡單，但是作用強大，幾乎可以應用於任何對抗的局面。當與觀眾關係緊張時，可以使用這些準則來讓自己保持冷靜：

1. 你是講者，但你必須要聽、解釋和同理。

這跟西方的教育原理一樣，所謂的教育是老師必須跟學生產生互動。

我們不能以華人的思維來理解西方發明的簡報，不管簡報是用中文還是英文，必須按照西方的架構走，西方講者沒有權威，老師沒有權威，家長沒有權威，政府更沒有。

如果英文簡報沒有跟觀眾互動，就只是所謂的報告（report），而不是介紹（presentation）。

演講過程與觀眾的互動是為了讓他們感受到被傾聽，但是，講的人常會忽略觀眾想被聆聽的心情。因此，透過給予憤怒的人100%的注意力來表明你正在聆聽——保持眼神交流、保持表情中立，並

且開放的肢體語言。最重要的是，不要打擾。提出爭議的人常常只想卸下胸口的大石。如果你打斷了，那無疑是火上澆油。

2. 使用有同理心的句子

切勿在憤怒中作出反應。當講者處於爆炸性的局勢中或感到自己受到攻擊時，我們的本能是回擊並保護自尊。但是，當你失去冷靜並讓自己對發洩憤怒的短暫滿足感得到滿足時，對手會立即控制你，問題就從對手身上轉移到你身上。

你必須找到使自己擺脫憤怒的方法，並且以非防禦性的方式做出回應。可以是一句簡單的短語，例如：「我知道你很沮喪，我是你的話，我也會這樣想。」

這句話是一個真實的陳述，並且對於改變局勢的動向大有幫助。將注意力集中在對手及其困擾上，透過自制力的展現，你可以跳越對抗的局面，進而剝奪對方的主導權。如果現場有很多觀眾，請將自己與觀眾群體做連結。說些類似的話：「我可以簡短討論一下，但是我敢肯定，你會明白堅持影響到我們所有人的問題的重要性。」如果你的對手繼續，他將失去控制，觀眾也會同情你。

209

3. 不用捍衛

在應對任何對抗中要記住的最重要的規則是，在任何情況下都不要透過防禦做出反應。防禦反應是最常見的反應，但幾乎永遠不會奏效。如果有人受到攻擊，他會產生防禦心態，然後會開始犯錯，因為人會一點一點迷失方向並脫離主軸。

同樣的，解決此問題的方法是弱化對手。假設有人說你對問題的解決方案是完全錯誤的，如果你急於辯解：「不，不是，因為……」，講者通常都已經失去了講者的尊榮感了。

講者在捍衛自己，而對手（觀眾）則有機會對你的說法進行梳理。下次遇到這種情況時，可以嘗試回答「你認為正確的是什麼？」或「你認為需要做什麼？」遇到諸如此類的問題，你可以和對方進行討論。焦點將放在你的對手身上，對手必須解釋自己並證明自己的信念是正確的，而不是相反的必須由你來解釋。

4. 重新設定

重新定向焦點。這一點有幾個層次。最重要的是要記住你需要控

制情況。假設你被問到一個「沉重」的問題（一個充滿情緒或潛在指責的問題），例如：「你要如何解釋你們公司飽受批評的血汗員工政策？」顯然，此問題旨在使你當場而不利於你或你的公司。但是，你會感到驚訝的是，有這麼多發言者陷入了對提出的問題進行回答的陷阱，從而犯下了模仿發言者的錯誤。相反，請嘗試以下方法使情況變得有利。

5. 用換句話說的方式重述問題。

你可能會說，「你似乎在問我們公司如何改善員工的生活質量。讓我列出最近在○○領域採取的步驟。」

211

6. 回問問題。

許多發問的觀眾會認為當他們提出問題時，講者必須立即回答。遇到這種情況，你可以用問一個問題代替回答，例如，如果你被問到：「任何一個有道德的人怎麼會提出你剛才描述的政策？」即使你已經準備好進行攻擊，但最重要的是，不要對潛在的前提做出回應，而是對你的對手提出問題，例如：「你要我說什麼？」或「你能

解釋一下你的意思嗎？」

　　你的問題將給你帶來幾個好處，對方將提供更多資訊，以及給你時間思考如何回應。

7. 制定撤退策略。

　　最後，需要擺脫被有敵意的觀眾持續干擾的局面，因為這種情況只會使他們無法停止主宰你的時間和注意力。這些情況很常見。我感到驚訝的是，有些演講者可以長時間忍受觀眾中的一兩個人持續的敵對性提問。記住，受委屈不是成為有效說話者的必要條件！通常，運用前四個原則可以解決衝突情況，但是有時有些頑固分子不會「放手」。你可以嘗試接下來的策略以使自己擺脫言語恐怖分子的束縛：

！ 與觀眾結盟。

　　人們容易受到團體意志的深刻影響。你可以說些類似的話：「也許我們可以晚點再處理這個問題，因為我敢肯定其他觀眾也希望有時間發言。」在這一點上，多數觀眾通常會口頭表達同意。在眾人意

志的支持下，你會發現對方很難堅持要繼續這樣不禮貌的舉動。

! 詢問提問者的名字與單位。

一旦要求詢問者在所有人面前表明自己的身分，對方就有可能退縮。

你可以說：「對不起，請問你的名字是？」揭開那個敵對的人的匿名性，讓對方很難繼續為難你。

有一次我在演講一直被打斷問問題，我就直接說：「哪一個單位那麼認真學習，方便知道大名嗎？我一定要記得你！」之後就再也沒有針對性的問題出現了。

8. 不要害怕結束演講。

如果所有其他方法都失敗，請直接結束演講。最根木的解決方案是告訴你的觀眾，你不想浪費他們的時間來打擾他們，輕鬆的退出。

你現在擁有了強大的知識，可以幫助你應對各種受眾對抗。和我

一樣，你會發現自己有能力從容應對激烈的局勢，你只需要多練習。我希望你不會常常遇到這類的敵對情況，但是，你現在知道，如果需要使用它們，有很多方法可以幫助你應對，而不是成為炮灰。

🎯 如何處理失控的觀眾

台灣的觀眾大部分都很靦腆跟有耐心，秉持儒家思想的美德，不太敢挑戰講師。不管覺得講師講的有沒有道理都不會挑戰與宣戰，但是在大陸就不一樣，大陸觀眾相對來說較勇於挑戰講者、發表意見。

拿世界上最殘忍的募資簡報為案例，有一次我在中國的融資簡報就因被反對而被大大挑戰，其實投資人如果對投資案沒有興趣大可以不用發問，看下一個新創簡報就好了，但大部分的投資人都不會手下留情，並盡情的羞辱創業家取得快感。

面對這樣的狀況，應對策略是：不要跟著他們一起動怒。採取應對技巧並解決！

我當時的募資簡報情況是：募資簡報後的問答環節正在順利進行

著——你已經與觀眾建立了聯繫，觀眾也與你建立了聯繫。但是，突然有人在後排咆哮著說：「嘿！你怎麼這麼說？你有什麼資格？你是台灣人又不懂大陸，憑什麼有自信來大陸創業會成功？」

當時的氣氛明顯緊張。「我們怎麼知道你有足夠的專業來談論這個？」你想要證明自己，祈禱這能緩解燃眉之急。但是在整個空間裡，你只會繼續聽到投資人說「你說的第二點是錯誤的……」你開始希望自己從沒有來過這裡。

無論任何創業家的技能多麼熟練和專業，都無法控制投資人的行為。演講者會遇到各式各樣有問題的人：與會人員因彼此之間的談話而干擾，不禮貌的表示不同意的人，不回應的人，不斷打斷你的人，挑戰你的演講資格的人以及其他尷尬的情況。

感謝在聯合國工作的經驗，我與不同國家的人都共事過，讓我快速的適應各種不同與火藥味濃厚的場景。

當時的狀況是——

觀眾問：你又不是大陸人，憑什麼認為你在台灣創業，就懂大陸的市場？

答：我認知的創業家是有能力快速調整自己，並迅速適應，有效率的改變。大陸很大，所以這是考驗創業家最好的機會，像你們北京人去南京創業還是要重新適應吧？所以創業家不是分台灣或是大陸，而是能不能熟悉客戶群，解決痛點，並適應新環境，調整產品。

當天台下跟我針鋒相對的投資人。之後都跟我變成很好的朋友。

◖7 種難搞的觀眾，先了解需求再給予滿足

大多數心理健康專家都認為，難搞的行為是需求未得到滿足的症狀。你越了解行為背後的動機，就越了解個人的需求，這能讓你控制對團體其他成員的損害。這並不意味著你的角色就是滿足這些需求，但是了解這種情況可以幫助你避免被難搞的聽眾拉著走，並使你更自在的回應其他聽眾。

我們在此列出幾種典型的難搞觀眾，幫助大家事先思考應對策略，且其中幾種都有認同的需求，只是表達的形式不太一樣。

H-O-S-T-I-L-E

H The Heckler
起鬨者

Insulting, rude, persistent, this person is driven by the unmet need for a sense of personal worth.

侮辱，粗魯，執著，這類型的人因為感覺自己的個人價值感未被滿足，藉由起鬨引發注意。

O The Over-zealous
過於熱心的人

Often the first to raise or answer a question, this "eager beaver" makes it difficult for others to participate. This is an expression of a strong need for approval.

通常是第一個提出或回應問題的人，這類型的人充滿積極與渴望，容易使他人難以融入，這樣的積極者強烈渴望可以融入人群。

217

S The Squawker
響尾蛇

An all-encompassing negativity is expressed in whining and complaining. This individual craves acknowledgement.

這類型的人在不斷的抱怨中表達出深深的消極情緒，很需要有人認可自己的觀點，並同情自己。

T The Turned-off
開關關閉者

The audience member who is snoring, daydreaming, or writing out bills is experiencing an unmet need for connection.

這類型的人無法對演講的內容產生連結及興趣，因而有睡覺、做白日夢的行為。

218

I The Intimidator
恐嚇者

Attempting to monopolize the situation by using aggressive words or actions, this person is operating under a desire for power.

這類型的人試圖透過使用激進的言語或行動來主導局勢，是一種渴望權力的表現。

L The Lost
迷失者

Having little awareness of the benefits of your information, this person has a need for information or direction.

這類型的人不太能認知你所傳達的訊息對他來說有什麼好處，他們需要更多的資訊來了解講者想表達的概念。

E The Expert
專家

This "know-it-all" challenges the speaker and argues with other participants using limited knowledge on the topic. A yearning for recognition propels this behavior.

這類型的人認為自己「全知」，喜歡用自己有限的相關知識與其他參與者辯論。這類型的人十分渴望自己成為全場的焦點。

怎麼樣講者才不會遭遇被干擾的場面

在處理干擾和抵制時，你有兩種選擇。你可以預先準備並根據實際情況塑造期望。你可以在演講過程中當場採取行動。

1. 了解觀眾

我認為演講的關鍵之一：你需要知道誰是觀眾以及誰會支持或反對你的立場。

2. 驗證數據

「花時間檢查事實，」因為：「你必須面對你的觀眾有誠信。」仔細檢查資訊的正確性還可以增強你的信心，使你能夠更輕鬆地應對喜歡質疑講者正確性的觀眾。

220

3. 設計在一天中某個時間的演講

「如果談話是在早上，參與者精神比較好，所以我傾向於提供更詳細的訊息，」技術培訓師兼公共發言人Jennifer Mayo說。「但是當演講的時間是在午餐時間或觀眾可能會感到疲倦的晚上時，我會盡可能的用中場休息和點心時間來中斷談話，並使用兩種或多種格式的視覺效果，例如在白板上寫字並使用活動掛圖。」歡樂的背景音樂、較低的室溫以及更多光線的使用也有助於去除潛在的困倦狀

態，並增加興趣。

4. 先尋求了解，然後同理

這點出自管理學大師斯蒂芬・科維（Stephen Covey）的知名出版作品《高效人士的七個習慣》。你應該專注於觀眾的需求，而不是關注自己的表現。與其要求觀眾進入你的領域，更好的是你離開觀眾，觀察他們的行為、傾聽他們的擔憂，才能更加理解他們的需求，如此一來，你才能提供一個更適合觀眾的演講。

5. 觀眾也是人，他們有犯錯的權利

「賦予他人做錯事的權利」是一件很難的事，但當你開始試著停止要求他人認同你的觀點時，就能感到放鬆、退後一步，在減少認同壓力和威脅的情況下解決當前的困境。那麼，如果其他人對你的論點提出不同的看法該怎麼辦？你不必執著於改變這些做出不尊重行為的人，你只需要防止他們讓其他觀眾感到困擾。

 **Lesson 18**

簡報中的性別議題 女性創業家的 商業窘境

222

你—— 如何取得家庭與事業的平衡？研究發現，女性在融資過程當中比較容易被問到「預防性」問題。女性領導人常被要求要像男性一樣的表現自己，而被忽略了個體的多元發展。

在台灣，女性創業家是少數，更不用提有勇氣走向資本，並期待獲得投資的女性創業比例，可以想像少之又少。我前陣子與大陸女創業家交流，在大陸，女性創業的比例雖不如男性高，但在氛圍上，不像台灣女性婚後被期待照顧家庭，甚至在上海，男性持家是理所當然的事。

　　講到全球創投，據2018年統計，資金投入女性創業家的比例低於5％，這個數字讓我感到非常驚訝，因為在我的家族中，不論是過去或現在，創業的都是女性，她們善良、能幹、精明、溫柔又細心，但在這個年代，資本對女性的扶持卻低於5％。

　　我自己也有許多募資的經驗，但大多數都是非常慘痛的。如果是一般上台發表演講，女性能展現的魅力絕對不輸男性，但若是募資場合，女性會被要求要像男性一樣的表現自己，在亞洲，我們會碰到的最大盲點就是，CEO的風格、說話方式都被認為應當要相同，就像在台灣從小到大的教育弊端，我們總是忽略人與人之間的基因差異，把每個不同的個體置於相同的環境，然後期待能有相似的模組。

　　女性創業的難處在於畢業於科技相關科系的女性已是少數，而在這些少數中，多數女性對商業邏輯、資本的信心度不夠，甚至幾乎沒有女性會被期待能打造出一個估值上億的上市公司，加上又被社會大眾投以婚後能夠兼顧家庭的期待等等的因素影響。但就我認識的女性創業家當中，我認為這一群珍貴的少數更應被重視，甚至應給予更多女性創業機會。

　　Kanze and colleagues research研究發現，在美國資本界融

資的過程中，女性比較容易被問到「預防性」的問題（Prevention Questions），舉個例子來說：

1 你如何讓公司未來不再虧錢？

2 這個想法如何實踐？

3 你如何取得家庭與事業的平衡？

相反的，男性通常比較常被問到「推廣性」的問題（Promotion Questions），關於期望值、成長指數與成就指數等等，例如：

1 你的營收如何成長？

2 你的企業在下一輪可以達到多少估值？

3 策略合夥人的輪廓是什麼樣子？

224

根據研究結果，被問到推廣性問題的創業家，回答時自然而然相對較正面思考，正向思考後的回答，相較於被問及預防性問題拿到資本的可能性高出七倍，這樣的結果顯示，就算女性創業家拿到創業資本，金額也不大。

不能否認，現代女性在創業的路上並沒有所謂的榜樣，且仍有許多技能是要跟男性學習的。職場上，男性被預期取得成功的比例是女性的數倍，因為這樣的社會期待及壓力，以致男性更勇於投身創業的江湖，並有更多的動力取得成功。

女性有一些能力與特質值得被重視,且應該用女性的角度去看待。Boston Consulting Group加上First Round Capital的研究結果顯示,雖然資本投入女性創業家的比例少於男性很多,但投入女性的資本的回報是男性的多倍,這項數據證明當女性拿到創業資金後,用錢再賺錢的方式比男性更具有競爭力。

對女性來說,創業的初衷或許並非單純的賺錢,也不是一件最最令她們感到成就感的事情,而是希望藉由證明自己,來獲得更多社會的尊重。而對我來說,是因為真切的感受到我們有不夠國際化的痛點需要被解決。換個角度,當一位創業家只顧著賺錢,在做決策時,就很容易忽略掉長期的布局與商業脈絡。

有許多女性和我一樣,我們有著強烈渴望,希望協助這社會做出一些貢獻,與某種意義上的改革。我天生感性,賺了一點錢就想要回饋社會,或許這樣性格的人天生適合做品牌,而我也和其他男性創業家一樣,努力學習溝通、策略規劃和數據研究等等創業家該具備的能力。

但也因為是少數的創業女性,讓我的簡報能力有機會更精進。

 **Lesson 19**

7個容易忽略的壞習慣
讓專業形象功虧一簣

226

英 文簡報當中有一些基本元素，如果沒有掌握好，再專業的人才都無法發揮簡報影響力。

以我們擔任顧問多年來對商務人士的觀察，他們都是各種領域專家，那為什麼在演講過程當中會出糗？我們針對這個現象做了統整，發現演講和簡報之所以會失敗，有七個常見原因：

1 時間掌握不佳

2 演講目的不明確

3 準備不足，造成上台臨時緊張

4 沒辦法抓住觀眾注意力

5 只照顧到自己的觀點

6 過度專業導致無聊

7 沒有光芒的結尾

1. 時間掌握不佳

歷史上沒有任何人因為發表演講被說太短的記錄，只有講得太多才顯示自己整合能力跟表達能力不好。

Tony 是蝦皮的 C-level 高管，正在準備一場大亞洲區的會議演講，他的發表時間只有 15 分鐘，之前每一季的亞洲內部會議他都會超時，後來發現問題在於，他在台灣開會時很容易對下屬碎碎念，導致養成觀眾只要不打斷他，他都可以一直講下去的習慣。

請銘記「英文簡報觀眾是客戶」的概念，雖然我們是專業表達，但是不會把客戶當下屬碎念吧？講話時間超出原本預期時間的行為，似乎在高級企業領導人中很流行，但這樣的行為完全破壞了議程。

　　講稿的長度不應取決於標題或功能。通常10分鐘短講的長度是很適當的——特別是當講者是領導者時，如果能按時開始和結束，觀眾會更加尊重你，因為這證明你尊重他們的時間。

2. 演講目的不明確

任何演講最重要的問題是：重點是什麼？
沒有明確陳述目標的演講通常效果不好。

　　首先問自己：「在演講的結束之後，我想讓觀眾思考，感受和做些什麼？」好的演講者會說use your head, heart and hands。Head代表知識，不只是書上的還有對於人的認識，包括觀眾的興趣和能力。Heart代表熱忱，要知道是什麼驅動著觀眾和他們在乎什麼。Hands代表能力，與觀眾的能力和技能產生連結，進而製造出「被需要」的感覺，使觀眾感受到自己是其中的一份子。

　　如果你的演講稿是由他人撰寫的，那麼要確定撰寫者有辦法了解你的想法。

3.
準備不足，才會造成上台很緊張

Cindy是歐洲美妝品牌大中華區的CEO，沒有出國留學過，她一直誤會英文簡報要呈現專業度，就是要以內容為主。事實上，西方在簡報所強調的專業包括台風與吸引觀眾的程度。

最好的演講者總是會為他們的演講內容做好準備，即使他們的內容只是剛好達到水準，但講話的台風仍然會很穩健。

所以，如果當講者說不出什麼重要的內容，又沒有穩健的台風，你就可以知道他們準備的不是很充分。因此，不要浪費你和觀眾的時間，請事先仔細思考並練習你要說的話。

4.
講得賣力能引起觀眾注意

世界上最稀有的資源曾經是時間，到了台上，最稀有的資源就變成了注意力。你所說的話和說話的方式最好能夠立即引起觀眾的注意。就像在劇院裡，你永遠不會看到觀眾在等演員熱身，因為他們在後台就已經完成熱身。

確保你的演講內容和觀眾是有關的。後現代主義者對「這是真的嗎？」這個問題不那麼感興趣，他們反而對「後現代主義它如何影響我？」這個問題更感興趣。永遠不要忘記證明你的資訊對觀眾很重要，你的資訊要如何為觀眾帶來影響。

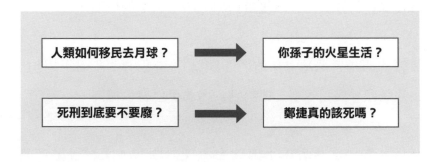

5. 只顧自己的觀點，忘記從對方角度出發

在大多數情況下，演講之所以會讓觀眾留下深刻印象，是因為這場演講改變了觀眾的看法。影響力是人們的一種行為遊戲：觀眾會因為我們正在進行，與未來要去做的事情而改變想法。

自我感覺良好又超級專業是致命傷。我們有一個客戶是大約資本額3億的互聯網新創團隊，下一輪要拿海外的投資金額約4億，在簡報過程當中，他其實一次又一次的展現自己的自信和願景，卻忽略了要從投資人的角度看事情，只忙著論述自己的夢想以及

如何改變世界。當投資者問到幾年後回本以及下一輪要出場比例的相關問題，創業團隊當場愣住。

沉浸在自我當中的演講者，出席這場募資簡報只是為了滿足他們自己的需求，而不是滿足觀眾的需求。觀眾很容易就會發現到這一點。

6. 你的過度專業真的有夠無聊

很多受亞洲教育的專業者在面臨演講場合的時候，很怕「娛樂化＝不專業」。但在西方的價值觀當中，覺得這兩者有什麼衝突？對演講者來說，完全娛樂化本身雖然不是一個好的目標，但它肯定勝過你超專業而超級「無聊」。

娛樂有兩個意義，第一個意思是「不用思考」；另一方面，娛樂能夠「吸引別人的注意，並內化成思考」。演講者娛樂的價值在於，它可以使觀眾在心理上參與其中，行為上就會想要跟進。因此，雖然開個玩笑是有風險的，但當因為太過嚴肅而導致演講失敗時，其實更難堪。

7. 結尾沒有呼籲行動（call to action）

要記住一個簡單的規則——一個好的結局只會發生一次，在結尾的每個錯誤都會破壞前面累積的正面印象。

你要明確表達，要觀眾配合的行為。例如「我們一起減量使用免洗筷和免洗吸管」或是「從明天開始讀一篇英文文章」。

怎麼樣才是好的 call to action？英文句子裡面常用以動詞作為開頭的祈使句，呼籲聽眾做出行動。

 # Lesson 20

好的公開演講者
也是
生活中的溝通好手

如果要求你進行演講,你可能會想:演講是什麼?為什麼演講很重要?如果你之前從未想過要演講,那麼這些問題就很合邏輯了。

公開演講在商業、教育和公共場合中都很重要。無論你是個人還是企業,演講都有很多好處。

接下來我們會說明什麼是公開演講,還會討論一般情況下演講的重要性以及商業中公眾演講的重要性。另外,我們也會提供一

些資源，這些資源可以幫助你成為更好演講者，包括一些演講範例。

公開演說的定義

什麼是公開演講？基本上是指在觀眾面前進行的報告。演講可以涵蓋各種各樣的主題，演講的目的可能是教育、娛樂或影響觀眾，通常會採用投影片形式的視覺輔助工具來補充，並使觀眾更感興趣。

234

現場演講的講稿與在線上演講的講稿不同，因為線上演講是觀眾隨時都可以上網觀看，而公開演講通常限於特定的時間或地點。線上演講通常由投影片或發言人的預先錄製（包括現場公開演講的錄製）組成。

由於現場演講是在現場觀眾面前進行的，因此演講者需要考慮一些特殊因素。我們稍後將討論這些內容，但首先讓我們快速複習一下演講的歷史。

🌑 公開演説的由來

公開演講是從何時開始的？

　　只要有兩個人以上，就很有可能以一種以上的形式進行公開演講。但是大多數學者和其他參與公共演講的學者，包括公共演講項目的學者，都可以追溯到現代公眾演講的起源，也就是追溯到古希臘和羅馬。當然，當時沒有今天提供的任何電子產品、沒有投影片來輔助公眾演講，但是他們的社會發展確實需要公開演講，並且已經開發出如今我們現代社會還在沿用的演講方法。

　　特別是古希臘人，在探討民主社會，自由平等的過程當中，主要是透過公開演講來讚美或說服他人。另一方面，所有希臘公民都有權在集會期間提出法律建議或反對法律，因此需要熟練的公開發言技巧。公開演講在當時成為一種理想的技能，並自成一格的發展出具有規模的訓練。在希臘人時代，公開演講其實被稱為修辭學。後來，當羅馬政府時代來臨時，在參議院舉行了公開演講，羅馬人採用了希臘人公開演講的修辭手法，事實上，當時大多數公開演講的老師仍然是希臘人。

　　快轉到現代，20世紀中葉的美國和歐洲，流行被稱為拉丁語

235

的公開演講風格。但是，在第二次世界大戰之後，一種非正式的，更具對話性的演講風格開始流行，而且電子產品也漸漸發展，變得可以用來增強演講效果。到20世紀末，那些電子工具遷移到電腦上並演變成我們今天所知道和使用的軟體工具，例如PowerPoint。

　　但是，即使今天的公開演講分成很多種類與派別，「良好的表達組織架構」仍然很重要，而為什麼公開演講那麼重要？以下有幾種原因。

236

◗ 演說的重要性

　　我問過大多數的客戶，包括跨國公司的C-levels專業主管與中小企業主，他們說他們不喜歡在公開的場合演講，絕大部分都是在演講場合受挫後才來我們這裡找顧問，他們甚至承認對上台的恐懼是非常普遍的恐懼。或者他們可能只是害羞或內向，連講中文的時候都不夠有說服力。由於這些原因，許多「人才」盡可能的避免公開演講。但如果你是避免公開演講的專業人士之一，可能會因此錯過很多學習整合能力的機會。

多年來，公開演講在教育、政府和企業中發揮了重要作用。言語具有告知、說服、教育甚至娛樂的能力，同樣的詞彙在正確說話者口中被說出來甚至會比文字的影響力更強大。

無論你是中小企業主、學生，還是只是對某事充滿熱情的人，如果能夠提高個人和專業上的演講技巧，都會從中受益。公開演講的一些好處包括：

- **!** 增加自信心
- **!** 更好的收集資料技能
- **!** 較強的演繹能力
- **!** 宣導事業的能力

237

公開演講對企業（尤其創業家與中小企業老闆）十分重要，因為企業需要在潛在客戶和市場業務之前獲得訊息，並將理念有效傳遞。通常我們期望銷售人員和管理人員都具有良好的公開演講技能，但在這些年的創業圈發展趨勢中顯示，中小企業主也要有簡報的能力。

如何成為一個更好的公開演講者

身為一個企業主，我這幾年的領悟就是公眾演講對我來說十分重要。

1. 提升自信

我認為公開演講能幫助自己提升自信心。我們生活在唯物主義的社會中，真的無可避免必須透過觀察別人對自己的看法來建立自尊。

238

透過公開演講，能夠增強與他人交流的能力，使自己在跟專業領域中的人相處時更有信心，同時也提高了對他人以及事情的感知。

在與他人的對話中，我們可以更加理解人們的想法，進而改變自己的說話內容，增加對事的判斷力。

我在募資的過程當中，最害怕的就是講數字，我天生對數字的運算有障礙，但數字能力與商業模式有非常大的關係，我為了準

備8分鐘的募資簡報，必須花3個月把數字概念弄清楚，又要對簡報內容有自信，這是非常龐大的準備工程，自信力必須大幅提升。

2. 讓你在別人溝通上邏輯更順

最近的流行語「尷尬癌」，就是指與他人在一起時最尷尬的那些時刻，尤其是當你們都不知道自己說什麼、談論什麼話題的時候。

演講很重要，因為它可以提高你的日常說話技巧（我們每天都會做的事情），然而，就是因為我們每天都要做，才沒發現溝通是高成本的事情。自從開始掌握公開演講的技巧之後，我很在意的其中一個重點就是溝通，我開始發現大部分的人是在消耗自己說話的時間。我在演講時，最後都會有Q&A時間，許多觀眾一如往常會在Q&A時間很踴躍的舉手發問，但他講了兩分鐘之後，發現自己也被自己的感言模糊焦點，忘記原本想問的問題是什麼了。

表達邏輯順暢的人，容易在別人心中留下記憶點。

我常常有機會被邀請出席論壇，時常在活動結束前被邀請上台發表感想，我通常不會一上台就感謝分享者跟主辦單位，華人式

的分享往往不是西方工作演說的結構，分享就是要講感受，感受是主觀的，不是跟大眾一樣的。我通常都會帶到三個點去增加我上台的VCP（Visibility／credit／presence）。

- ❗ 引用講者講的一句話
- ❗ 我的經驗小故事
- ❗ 時間控制在兩分鐘內

只要掌握這三個小技巧，就可以立即在第一次見面的人面前增加印象。

3. 銷售（或獲得更好的工作）的最佳方法之一

如果你在經營一間企業，那麼公開演講是產生銷售的最佳方式之一。了解如何有效的將你的訊息（以及該訊息隱含的情感）傳達給另一個人，可以幫助你為公司帶來更多的業績。

我將公開演講變成我的開會結構，在談商務合作的時候，能夠立即把在產業很具說服力的前輩變成策略合夥人。

!　我為什要做這件事情？

!　為什麼是我？

!　我的服務價值是？

!　我期待對方與我往什麼方向努力？

　　演講技能也能夠讓你找到更好的工作。這也是你在求職面試中展示自己的方式，這最終會決定你是否可以找到該較令人滿意的工作。

4. 公開簡報沒什麼了不起，在生活中的任何時刻，你都可能會需要發表演說

　　幾乎每個人在生活中的某個時刻都有可能會需要在公共場合發表演講。每一次的公開演講都是提高領導能力、影響力和求職的機會。包括開會、臨時發表感言，與同事朋友交談，業務開發等。

　　成為一名自信且有能力的公眾演說家，你可以立即使自己比那些拒絕站起來講話的人還亮眼，更加引人注目。

　　你可能需要從事銷售工作，並與一群人交談以賣出產品，你可能需要在商務會議上進行演講，你可能需要在女兒的婚禮上發表

演講。無論你是誰，幾乎100％都可以確定你需要在生活中的某個時刻發表演講。

5. 公開演講的技能
可以提高生活中其他方面的表現

公開演講能夠提高你的溝通能力、領導能力、信心和閱讀和理解人的能力，有時人們需要接受「企業溝通培訓」才能達到這種信心水準。在公開演講時，你還會學習到多種其他技能，這些技巧實際上可以提高你在生活中其他方面的表現和成就感。

我身邊有許多有實力的創業家、二代接班人，在大家的實力、困境都差不多的情況下，通常會被媒體找去分享經驗的，都是能夠常常在陌生人面前演講的好手，相對來說實力更能夠被認可。

6. 公開演講可讓你展示自己的知識

90％的人會避免在人群面前站起來演講。但透過站起來與人群交談，你可以將自己定位為該領域的專家，並且更多有機會分享自己的知識。

我以前創業初期很忙，常常忘記要買書（閱讀）補充知識，然而能公開演講的人每天都在準備下一次表達的機會。我現在已經進階到，會在書本上畫重點，然後拿另一個筆記本記錄這些畫出來的重點，硬背起來。如果有上台的機會就可以把背的東西叫出來分享。

7. 公開演講可以幫助你提高知識水平

最好的學習方法之一是教學，而公開演講正是一種教學的機會。公開演講很重要，因為它可以幫助你提高知識水準。演講之前的準備工作以及演講當中你必須弄清楚如何與他人有效溝通的事實，並使你更加理解自己的內容。

8. 公開演講使你與眾不同

善於溝通的人其實能夠聽到許多平時不容易注意到的東西，可能有90％的人會避免在大家面前講話，更不要提公開演講。透過有信心和在公共場合講話的能力，你可以在工作中與眾不同，這可以使你更有機會名列升遷名單。掌握話語權的人，不一定是實

力最好的人，但是通常都是最快被大家認可與認識的。

透過站在人們面前發表講話，告訴大家自己的價值觀，你可以吸引周圍志同道合的人。美國作家塞斯·戈丁（Seth Godin）稱一個有共同興趣和交流方式的群體為「部落」，並說：「你來這個網站是因為我在部落格寫了文章、拍了影片。希望你能留下並成為部落的一部分。」透過發表演講，你可以幫助建立自己的「支持者部落」。

領導者的周圍必定會有人聚集，所以畢生致力於成為領導者的人們，你是否願意成為人們支持的領導者，而不是別人成功的支持者？

最重要的是：為何公開演講很重要？如果你想成為領導者，則必須知道如何進行溝通。

如果你想成為領導者，公開演講非常重要。人們會追隨激發他們靈感的領導者和有效交流思想的領導者。如果你無法與「部落」做心靈交流，你就無法成為領導者。

244

9. 發展批判性思維能力

從公開演講中獲得的第一個優勢就是提高了進行批判性思考的能力。例如，在準備有說服力的演講時，我們必須思考這是影響校園、社區還是世界的實際問題，並為這些問題提供可能的解決方案。你還必須考慮解決方案的正面和負面影響，然後將你的想法傳達給其他人。

一開始，為校園問題（例如停車位不足）提出解決方案似乎很容易，只需增加空間即可。但是，經過進一步的思考和研究後，可能會發現建築成本、綠色空間損失對環境的影響，維護需求或額外空間的有限位置使該解決方案不切實際。能夠思考問題並分析解決方案的潛在成本和收益，這是批判性思維和旨在說服他人的公開演講的重要組成部分。

這些技能不僅可以在公開演講中為你提供幫助，也能夠在一生中為你提供幫助。正如我們之前所說，在社會學教授Zekeri的研究中，大學畢業生認為口語表達技能是在商業領域取得成功最有用的技能，而第二個最有價值的技能則是解決問題的能力，因此你的公開演講能力是非常有價值的！

　　練習公開演講可以增進的另一個優勢是，它能增強你進行和分析研究的能力。如果要說服各種觀眾，講者必須在演講中提供可信的證據。因此，你的公開演講經歷將進一步提高你蒐集和利用各種資源的能力。

10. 非語言能力

　　參加公開演講課程的第二個好處是，它可以幫助你調整語言和非語言交流能力。無論你是在高中參加演講比賽，還是第一次在觀眾面前演講，都有機會積極練習溝通技巧並獲得專業回饋，身體要站直，臉部要微笑，頭髮要弄好，服裝要整齊，這些小細節將有助於我們成為更好的整體溝通者。通常，人們甚至沒有意識到在公共場合演講時自己會有的奇怪肢體動作或口頭禪，直到他們在公開演講中得到回饋。

 # Lesson 21

魅力
英語簡報力的
核心價值

演講魅力到底是天生還是後天？

誰 能成為有魅力的領導者？大部人給我的答案都是，魅力是天生的！

　　領導者是天生的還是後天養成的？最近的研究提供了一個很好的答案：大約三分之一由先天品質（例如氣質，個性）組成，三分之二是「被製造的」，透過父母、學校和經驗的積累而逐漸發展。

但是有魅力的領導者呢？大部分的人強烈認為，魅力是與生俱來的特質或特徵，你要麼擁有，要麼沒有。真正具有超凡魅力的領導者，例如馬丁‧路德‧金、甘地和羅斯福，似乎都具有一些「神奇」的特質。同樣的，有超凡魅力的領導者似乎都有某種天賦（畢竟，超凡魅力被定義為「恩典的神聖禮物」）。

但是，越來越多的證據表明人們可以透過後天學習變得更具魅力。研究顯示已經確定了魅力的一些關鍵要素。有些與風格（和個性）有關，代表著魅力可能有一部分是「天生」的，而另一些要素則是隨著時間的流逝而獲得，代表魅力也是能夠透過發展和磨練獲得的特質。

248

近年來的一些培訓課程試圖訓練人們變得更有魅力，並且透過這樣做取得了一些成功。當然，參加這些培訓課程的學員並非一朝一夕就能轉變的，發展與魅力有關特質需要大量的努力和精力，而且有些人比其他人更擅長發展魅力。

但是，魅力不是神奇或神秘的東西，有魅力的人也沒多了不起。魅力其實就是深深植根於情感交流的能力（與「情緒智力EQ」的概念有關）和建立關係的能力，這些能力使有魅力的人能夠與他人建立深厚的聯繫。而積極、樂觀向上的態度，具有情感的口語

Lesson 21

表達能力，也是魅力的基礎。

是的！許多具有超凡魅力的領導者都是天生的。毫無疑問，這世界上的確存在著「天生」的超凡魅力的個人，但是我們一樣可以透過發展和訓練獲得領導力並成為超凡魅力的企業家。

● 魅力是成為偉大的講者最重要要素的三個理由

我們很容易注意到一個人有沒有魅力，但很難對魅力有明確定義。

有些人只是引起我們的注意，譬如走進房間前的回眸一笑，這可能是從長相、表情、穿著來判斷的。有些人說話時會讓人覺得動聽，有些則令人討厭和感到是個折磨，但是是什麼原因讓我們產生這種感覺呢？

心理研究的一個領域說：「一個人使人感覺到自己的方式在他的人格中是可預見的。」大約10年前，組織行為學教授Hillary Anger Elfenbein和Noah Eisenkraft創造了「情感存在」（affective presence）這個詞來描述這個想法。

具有積極情感存在的人們（或我們通俗地稱為「有魅力」的人們），即便他們本人是焦慮或悲傷的，但依然會使他人感覺良好，尤其是對那些具有負面情感存在或缺乏魅力的人而言。

每個人的存在方式都應該有情感特徵，也就是當你與他人在同一個空間相處時給他人的感受。

在商業世界中，魅力有很長的路要走。想想賈伯斯，他不是技術天才，但由於他的超凡魅力和獨創性，能夠說服聰明的人相信自己的夢想，他將蘋果推向了頂峰。

250

這是一種難以捉摸的特質細節，因此它非常的重要，尤其是在工作場所。

1. 具有超凡魅力的人情商很高。

具有超凡魅力的人自然會讓人們放心。儘管對魅力這個主題沒有大量研究，但心理學家認為這與肢體語言、語調或成為好觀眾有關。而研究人員認為，情感存在的很大一部分可能是人們如何調節情緒，包括他人和自己的情緒。

　　我認識一個企管顧問，他具有很深厚的實力，但是常常在開會時就容易情緒激動，他覺得這是在溝通，但聽的人覺得他是在生氣，因此所有商業談判都不順利，也接不到案子。

　　每個人的每一天都會經歷短暫的煩惱、激動或悲傷，但是我們對這些情感障礙的反應方式各不相同。想要獲得魅力之前要先問自己：「你能調節自己嗎？表達的方式會不會感染其他人？你能去除生活中的噪音，使其他人不受噪音干擾嗎？」

　　具有領導才能的領導者可以在困境中持續積極，而又不抑制自己的情緒，進而使每個人都放心。他們還知道該說些什麼以及不該說什麼，來緩解緊張情緒。他們知道如何積極傾聽並讓人感到特別。

　　我們身邊都會有一位朋友，他會在我們經歷糟糕的一天後告訴我們，我們完成了多重要的事情，或是我們有多特別。擁有超級魅力的領導者就是這些人，讓周圍的每個人都能感覺更好。

2. 他們是有遠見的熟練溝通者。

我記得賽門‧西奈克（Simon Sinek）在他的書《先問為什麼》（*Start with Why: How Great Leaders Inspire Everyone to Take Action*）中寫道：「領導力需要兩件事：對還不存在的世界的願景以及與之溝通的能力。」

擁有超級魅力的領導者是熟練的溝通者。他們說話清晰、認真，並確保每個陳述都有目的；他們可以展現出有說服力的視覺效果，並引起觀眾強烈的情感；當他們說話時，觀眾會聚精會神的聆聽。

領導者也會意識到自己的肢體語言，他們說話時保持良好的姿勢並保持與觀眾的目光接觸，他們很樂意在大型團體和親密場合當中講話。

無論情況如何，他們都強烈表達了自己的目標和願景。

如果要發展魅力，請練習同樣的方法。當你走進擁擠的房間時，學著拋下自己的不適，直到建立信心為止。挺拔的站著並自信的行走，與人交談時要進行眼神交流，著裝優雅而專業，還有，別忘了微笑，笑久之後，你就不再需要假裝自信。

3. 尊重並激勵團隊。

　　擁有超凡魅力的領導者可以激發並激勵追隨者的表現，並讓那些人致力於組織或事業；超凡魅力的領導者所擁有的團隊更擅長分享資訊，並能帶來更多的創新，下屬也更有可能向具有領導才能的領導者表達他們的想法。

　　當你提出新穎的想法時，在某種程度上是危險的，因為你正在挑戰現狀。「其他人不一定會接受新穎的想法，因此要發表自己的想法時，你需要有安全感，積極的情緒對此很重要。」

　　有魅力的人會激勵他人採取行動。他們使他人相信自己正在做的事情，會幫助他們自己實現目標。最終，他們能夠使周圍的每個人都感到自己與眾不同，並且在事業中占了很重要的一席，而不僅僅是一個員工。

　　如果你能夠發展魅力並將其運用於工作場所，則會激發你的團隊蓬勃發展。

◐ 簡單步驟，養成魅力講者

學習以下4種簡單的方法，使演講更令人難忘和令人興奮。

想要吸引、激勵和啟發觀眾嗎？想要在你的行業中受到高度評價並被公認為令人難忘的演講者嗎？如果是這樣，我們需要做的事情不僅限於只是將你想傳遞的內容告知或是說服觀眾。

你需要有魅力的說每一句話。

這樣的成功水平意味著你需要作為領導者發言。領導者在演講時要有舞台感和自信，才能吸引觀眾的注意力。為此，需要絕對的關注和自制。我可以用我的劇院啟發技巧來幫助你學會站上舞台！

與觀眾建立聯繫並留下這種令人難忘的印象比你想像的要容易，這是一種讓自己脫離無趣的方式。換句話說，讓觀眾成為你宇宙的中心吧！

你可能會驚訝於這種觀點，可以引導你滿足觀眾的需求並引起他們的注意力的程度。從這種心態來看，你可以使用以下四種同

254

樣簡單的方法來使你的演講吸引觀眾。

　　它們為內容豐富的演講、激勵性演講、有說服力的演講、鼓舞士氣的演講、鼓舞人心的演講以及任何其他形式的公共演講而工作。同樣重要的是，它們可以幫助你在受眾群體的眼中閃耀：

1. 善用眼神交流以贏得觀眾的信任。

　　你有沒有說服力與交談對象無關，重點在於「肢體語言」，而肢體語言當中最重要的便是人與人之間的眼神交流。

　　說話時，請積極看待觀眾並與他們建立聯繫。當我積極的說話時，我想讓視線在較大人群的每個人或部分人身上徘徊半秒鐘到一秒鐘。眼神不要用掃的，只需要輕輕滑過每個觀眾。當你正在說自己想讓觀眾相信的話，必須同時看著觀眾，他們會相信你的誠實，這也意味著他們將更願意被你影響。

　　不要只是因為你緊張（或者最弱的藉口——因為你正忙於大聲朗讀手稿）就忽略他們的視線，否則你將幾乎沒有機會改變他們的想法或行為。畢竟，所謂的眼神交流是因為它實際上涉及到你說話

時與他人的連結。這是你可以用來大大改善眼神交流的一種技巧。

2. 微笑以增加每個人的樂趣

微笑是與觀眾建立信任的另一個先決條件（雖然它不像眼神交流那樣重要）。至少，它是說話者享受當前活動中的視覺證據。

在說話時，如果你覺得自己的笑容不合適，請採取以下兩種替代方法之一：

256

1 透過表現出愉悅的表情來「打開」你的容貌。

2 抬高顴骨，也就是讓你的臉頰部分形象的「稍微上升」，儘管這實際上可能不是生理上發生的，但這會讓觀眾看起來你在笑，並對你的表情產生積極影響。

3. 激發你的聲音，使你可以接觸到每個觀眾。

你可能有過這樣的經驗，曾經很努力的聽卻聽不到說話者在說什麼。輕聲說話的人或是精力不足的演講者，很容易聽不到他們

的聲音。更糟糕的是，即使透過了麥克風，似乎還是沒有把距離稍微拉近一些，我們還是覺得很遙遠，好像我們被排除在溝通距離之外一樣。

所以，請確保你在演講的時候，產生足夠的聲音和能量以到達現場每個觀眾的耳中。不只是座位靠後的人，還包括那些聽不清的人（永遠要假設你的觀眾中有此類人）。你的聲音能量必須在不同的空間中變化：說話的場所越大，發出的聲音就越多。在容易有回音的禮堂和演講廳中，還必須講得足夠慢，讓回音在你繼續說下一句話之前就可以到達觀眾。當你在講稿中投入足夠的精力時，你將使觀眾的一切變得容易。現在他們覺得自己可以放鬆一下，而不是需要花額外的力氣彌補你沒做到的努力。另一個好處是，強大的聲音表現本身就是有影響力的人。

257

4. 當你在公共場合講話時，請盡情享受自己！

亞洲文化的保守風氣在某種程度上為公眾演講帶來一種呆板印象，讓大家在學習演講的過程中是可怕的，甚至是折磨人的。

但是，請想一下過去你身為受眾群體成員的經驗。你是否願意

聽猶豫不決或畏畏縮縮的講者演講？

如果講者的表現與此相反，觀眾會本能的認為這是一個有話要說的人。他們會認為這一定是這是好東西，看看他或她有多喜歡談論它！很快的，他們也會很開心。這會讓觀眾以積極的情緒記住聽這場演講的經驗和感覺。

5. 身體是領導力

毋庸置疑，我們的外表、說話和穿著方式會驅動我們的感知能力。我們的肢體語言應該是輕鬆而正直的，我們應該保持微笑，以開放的歡迎態度保持身體的姿態。我們應該利用聲音的動態能量來支持我們的存在。這涉及適當的（但仍放鬆）橫膈肌呼吸，盡可能的減少使用專業術語，並且緩慢而清晰的講話。

此外如果我們想被當作領導者，我們應該思考一下，要如何根據所在的行業領域，穿著得像是社會對該行業領導者的期待。

6. 情緒智力

　　EI或EQ是我們理解和監控自己與他人情感的能力，並藉由這種理解主動指導我們的行為。講者應該有自我意識，自我調節。發達的社交技巧、同理能力和內在自我激勵能力能夠表現出情緒智力的發展。這些技能對任何類型的領導者都具有無限的價值，展現任何魅力的時候都需要它們。

讓老闆聽懂的簡報實力

21堂必修英語簡報課，秒懂聽眾需求，
一次學會演說魅力、深入人心的語言技巧

優講堂 25

作者	Madeleine 鄭宇庭
主編	楊淑媚
責任編輯	朱晏瑭
美術設計	TODAY STUDIO
校對	朱晏瑭、楊淑媚
行銷企劃	謝儀方

讓老闆聽懂的簡報實力／鄭宇庭作. -- 初版. -- 臺
北市：時報文化，2020.08　264面；17×23公分
ISBN 978-957-13-8326-2（平裝）
1.簡報 2.商業英文
494.6　　　　　　　　　　　　　109011429

第五編輯部總監	梁芳春
董事長	趙政岷
出版者	時報文化出版企業股份有限公司
	108019台北市和平西路三段二四〇號七樓
發行專線	（02）2306-6842
讀者服務專線	0800-231-705、（02）2304-7103
讀者服務傳真	（02）2304-6858
郵撥	19344724 時報文化出版公司
信箱	10899 臺北華江橋郵局第99信箱
時報悅讀網	www.readingtimes.com.tw
電子郵件信箱	yoho@readingtimes.com.tw
法律顧問	理律法律事務所　陳長文律師、李念祖律師
印刷	勁達印刷有限公司
初版一刷	2020年08月28日
定價	新台幣360元

時報文化出版公司成立於一九七五年，並於一九九九年股票上櫃公開發行，於二〇〇八年脫離中時
集團非屬旺中，以「尊重智慧與創意的文化事業」為信念。

一對一
商用英語培訓課程
折價券

價值1,000元
（使用說明請詳閱背面活動辦法）

團體主題課程
折價券

價值1,500元
（使用說明請詳閱背面活動辦法）

折價券使用規範

1 憑此券及書報名以熙國際一對一商用英語培訓課程10堂，即可現折1,000元，詳情請來電洽詢。

2 本券為回饋讀者專案，不可折換現金，亦不得與其他優惠活動合併使用。

3 請先向以熙國際完成預約後，於培訓當日需持本券及書至以熙國際，優惠才算完成。

4 本券若有塗改日期、遺失、毀損或污損，即失其效力，且不提供更換或換發。

5 以熙國際保有所有活動最終解釋及更改活動之權利。

以熙國際
地址：106 台北市大安區金山南路二段146號3樓
電話：02-23979105
官網：www.easeeglobe.com

折價券使用規範

1 憑此券及書報名以熙國際「商用實務英語系列」團體課程（含商用社交、簡報、談判……等），現折1,500元，詳情請來電洽詢。

2 本券為回饋讀者專案，不可折換現金，亦不得與其他優惠活動合併使用。

3 請先向以熙國際完成預約後，於培訓當日需持本券及書至以熙國際，優惠才算完成。

4 本券若有塗改日期、遺失、毀損或污損，即失其效力，且不提供更換或換發。

5 以熙國際保有所有活動最終解釋及更改活動之權利。

以熙國際
地址：106 台北市大安區金山南路二段146號3樓
電話：02-23979105
官網：www.easeeglobe.com

THE POWER
OF
PRESENTATION